Die Erbauung

einer

elektrischen Bahn

auf die

Zugspitze

Von

WOLFGANG ADOLF MÜLLER

Ingenieur

Mit 16 Abbildungen

BERLIN-CHARLOTTENBURG 5

Verlag der Zeitschrift für das gesamte Turbinenwesen

1905

Inhalts-Verzeichnis.

bwohl unsere deutschen Alpen alljährlich von Hundert-
tausenden zur Erholung für Körper und Geist aufgesucht
werden, lassen die Verkehrseinrichtungen dieses nördlichen Alpen-
gebietes in sehr vielen Punkten zu wünschen übrig. Ganz
besonders trifft dies in Bezug auf die Zugänglichkeit der hochge-
legenen Bergspitzen zu, so dafs der Genufs eines Hochgebirgs-
panoramas der grofsen Masse des Reisepublikums, sofern es nicht
gerade „Bergkraxler" sind, versagt bleibt. Die Schweiz geht uns
hier seit 30 Jahren mit bestem Beispiel voran, indem dort eine Bergbahn nach der anderen entstand, jedoch wir reisen heute noch
nach der Schweiz, um mit der Bequemlichkeit eines Tagesaus-
fluges eine Bergbesteigung resp. „Befahrung" zu geniefsen.
Unsere deutschen Ostalpen stehen den Schweizer Alpen an
Lieblichkeit der Täler wie Grofsartigkeit der Gebirgsszenerien
nicht viel nach, um so mehr ist es zu verwundern, dafs die
speziell deutschen Alpen (mit Ausnahme des österreichischen
Teiles) keine einzige Bahn auf einen der zahlreichen, vielfach
2—3000 m hohen Gebirgsstöcke aufweisen.

Gelegentlich der Entwurfsausarbeitung einer Bahn auf den
Grofsglockner kam Verfasser auf das sehr nahe liegende
Projekt, den höchsten und grofsartigsten Gebirgsgipfel unseres
engeren Vaterlandes, die in den bayrischen Alpen gelegene, fast
3000 m hohe „Zugspitze" durch eine Bahn zugänglich zu machen.
Die näheren Erhebungen ergaben bald, dafs die wirtschaftlichen
Bedingungen für ein derartiges Unternehmen besonders günstige

sind, wie auch der technischen Ausführung sich gröfsere Schwierigkeiten nicht entgegenstellen.

Die Zugspitze ragt als gewaltiges Massiv mit einer Höhe
von 2964 m ü. M. aus dem mächtigen, westlich an das viel-
gipflige Karwendelgebirge anschliefsenden Wettersteingebirge des
bayrischen Hochlandes hervor; an ihrem Nordabhang stürzt sie
als steile Wand zu dem vielbesuchten, tiefgrünen „Eibsee" (7 km
Umfang) ab. Der eigentliche Zugangspunkt sind die beiden zu-
sammenhängenden, sehr besuchten Sommerfrischen Garmisch und
Partenkirchen, welche die Endstation der vollspurigen Eisenbahnlinie München—Starnberg—Murnau bilden.

Die Aussicht von der Zugspitze, besonders von dem Ostgipfel, ist die grofsartigste und schönste in den Nordalpen. Zu
Füfsen liegt das sich weit ausdehnende Platt mit dem Schneeferner, im Süden entfaltet sich die grofsartige Pracht der firn-
bedeckten Zentralalpen, zunächst gerade gegenüber hinter den
formenschönen Mieminger Bergen die Stubaier und Ötztaler
Alpen mit ihren Eisfeldern, an welche sich östlich die ganze
Karwendelkette bis zum Watzmann und südöstlich die Schnee-
häupter der hohen Tauern mit dem Grofsglockner und Grofs-
Venediger anschliefsen, südwestlich der Ortler und die Grau-
bündler Alpen, Bernina und Silvretta, bis westlich zu den
Lechtaler, Allgäuer und Appenzeller Alpen (Säntis und Boden-
see), während im Norden inmitten des grünen Vorgebirges die
klaren Spiegel der zahlreichen bayrischen Seen hervorglänzen.

Im Nordosten öffnet sich der Einblick in das wildromantische
(jetzt durch Anlage von Steigen und Brücken zugänglich gemachte)
Höllental mit dem zerklüfteten Ferner und dem Blassenkamm.
Vom Westgipfel (Fig. 1), auf welchem das „Münchener Haus"
mit der meteorologischen Hochstation (in weiteren Kreisen be-
kannt geworden durch den ersten Leiter derselben, den auf der
Südpolarexpedition so früh verstorbenen Enzensperger) errichtet
wurde, sieht man in der gewaltigen scheinbar senkrechten Tiefe
auf den stillen Eibsee hinab.

Das Wettergesteingebirge hat zwei wirkliche Gletscher auf-
zuweisen, den schon erwähnten 3 km langen Schneeferner, dessen
Eismassen früher das ganze Platt bedeckten, sodann den Höllen-
talferner, welcher einen ansehnlichen Gletscherbruch und eine

gegen das Höllentalkar vorgestreckte Gletscherzunge, sowie einige Rand- und Stirn-Moränen besitzt.

Eine Bergbahn kann nur dann sichere Aussicht auf Rentabilität haben, wenn ihr Ausgangspunkt in der Nähe grofser Verkehrszentren, wie hier München, liegt. München ist der Brennpunkt sowohl des internationalen Durchgangsverkehrs über den Brenner nach Tirol und Italien, wie auch besonders des

Fig. 1. Westgipfel der Zugspitze mit Münchnerhaus und Schneeferner.

internationalen Reise- und Touristenverkehrs für das bayrische Hochland und das Salzkammergut. Abgesehen von der Kreuzung der Haupteisenbahnlinien Deutschland—Italien wie Frankreich—Österreich, ist die grofse Anziehungskraft Münchens besonders in seiner Eigenschaft als hervorragende Kunststadt wie in der Nähe der weltberühmten bayrischen Königsschlösser und Seen begründet. Die Zahl der München besuchenden Fremden erreichte in den fünf Sommermonaten 1903 die Höhe von 216 248, im Jahre 1904 bereits 218 640 Personen, die sich auf die einzelnen Monate folgendermafsen verteilen:

	Mai	28 032
Fremdenverkehr	Juni	32 022
von	Juli	45 453
München 1903.	August	59 428
	September . . .	51 313

	Mai	30 126
Fremdenverkehr	Juni	30 027
von	Juli	47 907
München 1904.	August	72 726
	September . . .	37 854

Die Eisenbahnlinie von München nach Garmisch-Partenkirchen bildet in ihrem gröfsten Teile gleichzeitig die Zufahrtslinie für die sehr besuchten bayrischen Königsschlösser Linderhof, Neu-Schwanstein und Hohenschwangau. Von grofser Wichtigkeit für das Aufblühen der Orte Garmisch-Partenkirchen ist die von Bayern angestrebte und teilweise bereits gesicherte Weiterführung der Vollbahn von Partenkirchen über Mittenwald—Scharnitz—Seefeld—Reit nach Zirl—Innsbruck (Arlbergbahn), womit durch diesen Anschlufs an die Brennerbahn eine direkte kürzeste Verbindung München—Partenkirchen—Innsbruck—Tirol—Brenner—Italien (an Stelle des jetzigen Umweges über Rosenheim—Kufstein) geschaffen wird. Um die Verwirklichung dieser Bahnverbindung hat sich besonders das Eisenbahnkomitee Garmisch-Partenkirchen durch Petitionen an die Kammern und Vorstellungen beim bayrischen Verkehrsminister von Frauendorfer, welcher dem Projekt sehr gewogen ist, bemüht. Über den derzeitigen Stand der Angelegenheit gibt nachstehende Notiz der Münchener Neuesten Nachrichten vom 24. November 1904 Aufschlufs:

Staatsvertrag zwischen Bayern und Österreich.

„Amtlich wird jetzt gemeldet: Im Staatsministerium des Kgl. Hauses und des Äufseren wurde gestern durch den österreichisch-ungarischen Gesandten Grafen Zichy und den Staatsminister Freiherrn v. Podewils der Staatsvertrag über die neuen bayerisch - österreichischen Eisenbahnver-

bindungen, vorbehaltlich der beiderseitigen Allerhöchsten Rati-
fikation, abgeschlossen. Der Staatsvertrag behandelt die Her-
stellung der Lokalbahnen von Waldkirchen nach Wallern, von
Pfronten über Vils nach Reutte und von Berchtesgaden nach
St. Georgen-Drachenloch. Aufserdem sind darin vorbehaltlich
späterer besonderer Vereinbarung über die Einzelheiten auch
die **Grundzüge für die künftige Erbauung der Linien
Garmisch-Partenkirchen—Mittenwald—Scharnitz—Inntal**
und Garmisch-Partenkirchen—Lermoos—Reutte niedergelegt."

Wie sehr die Bahnverbindung Partenkirchen—Innsbruck
gewünscht wird, zeigt die in einer Versammlung des Landes-
verbandes für Fremdenverkehr in Tirol (Präsident K. K. Rat Dr.
Kofler) und des Vereins zur Förderung des Fremdenverkehrs in
München und im bayrischen Hochgebirge am 11. Dezember 1904
in Kufstein u. a. gefafste Resolution, dahingehend, „die beiden
Regierungen möchten die Linie Reutte—Lermoos—Garmisch-
Partenkirchen—Mittenwald—Innsbruck mit aller Raschheit in
Angriff nehmen."

Was nun die Bahn auf die Zugspitze selbst anbetrifft, so
lag es am nächsten, dieselbe durch das landschaftlich hervorragende Raintal empor bis zur Knorrhütte und von hier am
Nordrande des Plattes zum Gipfel zu führen. Ein diesbezüg-
lich ausgearbeitetes Projekt ergab jedoch infolge der zu grofsen
Bahnlänge, dafs die Anlagekosten im Verhältnis zu den zu erwartenden
Betriebseinnahmen zu hoch ausfielen. Der Vergleich ver-
schiedener anderer Linien führte schliefslich zu dem im nach-
folgenden auszugsweise wiedergegebenen Projekte:

Linienführung.

Die Bahn nimmt ihren Ausgangspunkt am Bahnhof Garmisch-
Partenkirchen (Fig. 2) in der Höhenkote von 700 m ü. M. Da
die Endstation auf Kote 2920 m (etwa 40 m unterhalb des Ost-
zipfels der Zugspitze) zu liegen kommt, beträgt der gesamte
Höhenunterschied 2220 m. Die Gruppierung der Wetterstein-
gebirgswände erlaubt nicht, die Bahn bereits von Garmisch-
Partenkirchen aus aufwärts zu führen, es ist vielmehr geboten,

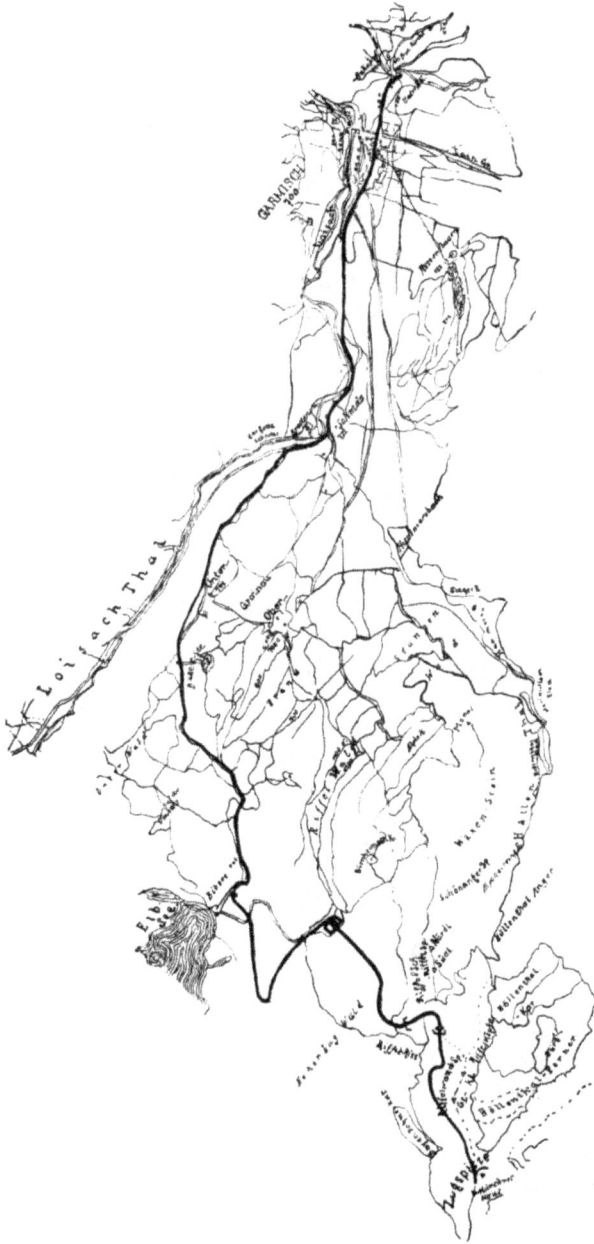

Fig. 2. Lageplan der Adhäsions- und Zahnradbahn.

die natürliche Staatsstraße bis zu dem 973 m ü. M. gelegenen Eibsee zu benutzen. Hierfür spricht ganz besonders der Umstand, daß der infolge seiner herrlichen Lage am Fuße der gewaltigen Zugspitzwand bereits heute (durch Stellwagen!) von Tausenden besuchte Eibsee an sich allein schon eine besondere Straßenbahn berechtigen würde. So ist es denn am zweckmäßigsten, zunächst eine Straßenbahnverbindung Garmisch-Partenkirchen—Eibsee für den Sommerverkehr nach dem Eibsee und dem vorher zu passierenden idyllisch gelegenen, ebenfalls sehr besuchten Badersee (766 m ü. M.) zu schaffen. Diese Linie wird gleichzeitig als Zufahrtslinie zu der am Eibsee beginnenden eigentlichen Steilbahn auf die Zugspitze ausgebaut. Um die Steillinie möglichst zu verkürzen, wird die Straßenbahn vom Eibsee noch etwa 200 m höher geführt. Die meterspurige Straßenbahnstrecke bietet keine besonderen Schwierigkeiten; die Trace führt zunächst durch den Ort Garmisch (die Lage läßt auch event. eine südliche Umgehung von Garmisch auf eigenem Bahnkörper zu, wodurch die Fahrzeit verkürzt würde) auf der Hauptverkehrsstraße Garmisch—Ehrwald, sodann hinter Schmelz links ab die Eibseestraße empor zum Orte Untergrainau. Da innerhalb des letzteren die Straße sich stark verengt, ist es aus Betriebsrücksichten notwendig, den Ort Untergrainau nördlich auf eigenem Bahnkörper zu umgehen. Bei km 7,1 auf 770 m befindet sich eine einfache Wartehalle für den Verkehr zum Badersee (mit Hotel). Die Bahn direkt bis zum Eibseehotel zu führen, ist mit Rücksicht auf einen ökonomischen Betrieb nicht angängig, da etwa 300 m vor dem Hotel die Straße von ihrem höchsten Punkt (1000 m ü. M.) noch 16 m bis zum See fällt. Die Station für den Eibseelokalverkehr wird somit an die höchste Stelle der Straße auf Höhenkote 1000 m gelegt, so daß bis zum Hotel noch 300 m zu Fuß zurückzulegen sind. Von der Station „Eibsee" zweigt die Trace von der Straße ab und führt 2,4 km auf eigenem Bahnkörper (eingleisig) bis auf Höhenkote 1200 m zum End- und Bergbahnhof. Die horizontale Bahnlänge beträgt 12,39 km, die schräge Betriebslänge 12,42 km, der kleinste Krümmungshalbmesser 25 m.

Die Steigungsverhältnise der Straßenbahnstrecke sind günstig, Gegengefälle treten nicht auf; die größte Steigung beträgt 88⁰/₀₀.

Die Bahn wird eingleisig verlegt und erhält vier Ausweichstellen (Garmisch, Schrofen, Badersee, Eibsee). Fig. 3 zeigt das Längenprofil der Adhäsionsstrecke.

Vom Bergbahnhof (1200 m ü. M.) bis zum Gipfel bestehen noch 1720 m Höhenunterschied für die Steilbahn, für deren Überwindung zweierlei Lösungen in Betracht kommen: entweder eine Drahtseilbahn oder eine Zahnradbahn mit unabhängigem Zugsbetrieb. Die Drahtseilbahn besitzt den Vorzug der Billigkeit, sowohl in bezug auf Anlage- wie Betriebskosten, dagegen haften ihr einige schwerwiegende Mängel an. Zunächst muſs der in Betracht kommende Bergstock die richtige Entwicklung einer für eine Seilbahn zweckmäſsigen Linie (ohne zu grofse Krümmungen und zu starke Gefällswechsel) zulassen, sodann ist die Leistungsfähigkeit einer Seilbahn sehr beschränkt, wie besonders bei später erforderlicher Erhöhung derselben nicht mehr viel gewonnen werden kann, und schlieſslich darf die notwendige Linie eine gewisse Länge nicht überschreiten. Für kurze Strecken mit kontinuierlich oder doch in kurzen Zwischenräumen zuströmenden Fahrgästen ist eine Drahtseilbahn (mit grofser Steigung bis 600%/$_{oo}$) immer zweckmäſsig, aber bei Bergbahnen mit nur zeitweiliger, in gröſseren Zeitabständen (2 bis 3 Stunden) erfolgender Zuführung der Reisenden, wie es hier der Fall ist, kann nur eine Bahn mit jeweilig schweren, in längeren Zwischräumen (entsprechend den Zufuhrintervallen) abgehenden Zügen auch erhöhten Verkehrsanforderungen genügen. Bei der Steilbahn auf die Zugspitze ist keine der für die Zweckmäſsigkeit einer Seilbahn nötigen Bedingungen erfüllt, so dafs eine solche von vornherein als unausführbar zu betrachten ist.

Für die Zahnradbahn ist nun die Wahl der Steigung von aufserordentlicher Wichtigkeit. In der Schweiz hat man bis auf eine Ausnahme die Steigung von 250%/$_{oo}$ (Jungfraubahn) als höchste zulässige Grenze für Bahnen mit Zahnstangen erachtet und zwar lediglich aus Sicherheitsgründen; dies ist auch insofern berechtigt, indem für Bahnen mit senkrechtem Zahneingriff (wie sie fast überall ausgeführt sind), bei welchen also die gleichmäſsige und richtige Achsbelastung eine wesentliche Grundbedingung für richtigen Zahneingriff sind, über 250%/$_{oo}$ hinaus die Grenze für einen sicheren Zahneingriff erreicht wird. Anders

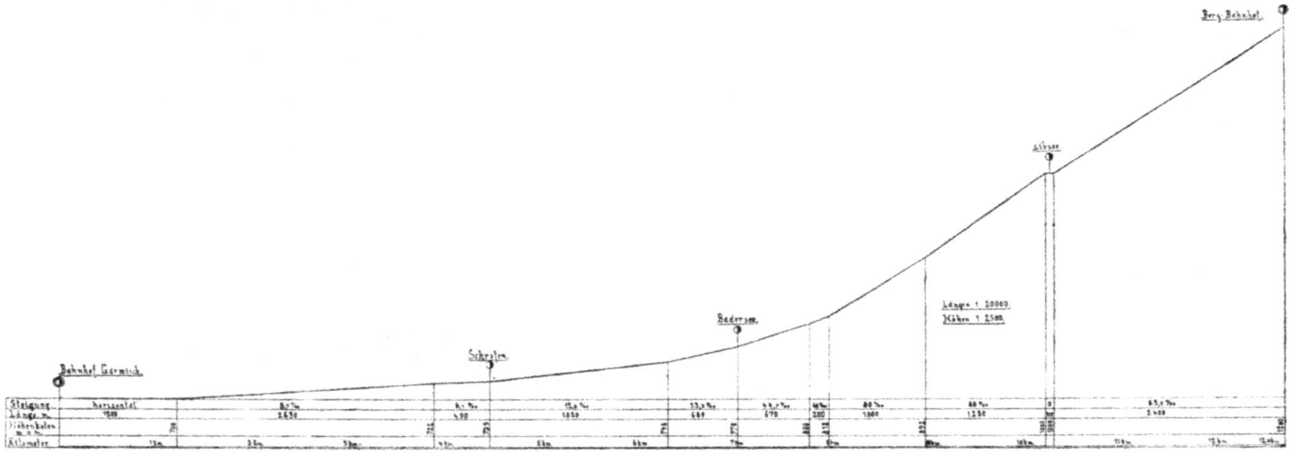

Fig. 3. Längenprofil der Adhäsionsstrecke.

liegen die Verhältnisse bei Anwendung seitlichen Zahneingriffs (Pilatusbahn), hier wird die Höhe der Steigung ohne jede Rücksicht auf den Zahneingriff nur durch die Rücksicht auf ökonomischen Betrieb begrenzt. Es fragt sich nun, welche Steigung ist ökonomischer? Es liegt klar auf der Hand, dafs die gröfsere Steigung bedeutend geringere Anlagekosten bedingt, dafs aber ebenso mit der Steigung die Betriebskosten erheblich wachsen; es ist also lediglich durch Vergleichsrechnungen in jedem einzelnen Falle festzustellen, ob die höheren Betriebskosten der grofsen Steigung im Verhältnis zu den höheren Anlagekosten der geringeren Steigung (längere Linie) gerechtfertigt bleiben. In den weitaus meisten Fällen jedoch dürfte die kurze Linie mit starker Steigung die rentabelste sein; auch für den vorliegenden Fall hatte Verfasser das Projekt vollständig mit einer länger entwickelten Linie von 250%₀ Höchststeigung (ebenfalls vom Eibsee ausgehend, unter Einschaltung einer Tunnelschleife in der Riffelwand) durchgerechnet, der Vergleich ergab, dafs hier bei der Anwendung einer steilen, kurzen Linie die höheren Betriebskosten bedeutend unter den höheren Ausgaben für Kapitalzinsen und Abschreibungen der Linie mit 250%₀ bleiben. Begünstigt wird dieses Ergebnis durch den Umstand, dafs man bei einer kurzen Linie durch häufigere Anwendung von Kunstbauten das Profil leichter der Forderung möglichst gleichbleibender Steigung anpassen kann, ohne dafs das Anlagekapital allzusehr erhöht wird.

Die Zahnradbahn, deren Verlauf aus Fig. 4 ersichtlich ist, führt vom „Bergbahnhof" zunächst 560 m mit 358%₀ und hierauf von der Höhenkote 1400 m an mit gleichbleibender Steigung von 500%₀ in südlicher Richtung, tritt sodann bei Kote 1820 m in einen Tunnel unter der „hohen Riffel", um schliefslich den Tunnel in der Geraden bei Kote 2100 m zu verlassen. (Längenprofil Fig. 5.) 50 m vor dem Ausgang des Tunnels befindet sich bei km 2,1 der Kreuzungsbahnhof „Riffelhöhe" in 2075 m Höhe. An der grofsen und kleinen Riffelwand empor erreicht die Bahn schliefslich auf Kote 2920 m den zwischen Ost- und Westgipfel gelegenen Endbahnhof „Zugspitze". Auf dieser Strecke ist nur ein Tunnel von 150 m Länge erforderlich, die letzten 300 m der Bahn liegen in halboffener

Tunnelgalerie. Der kleinste Krümmungshalbmesser der Zahnradstrecke beträgt 150 m.

Wahl der Betriebsart.

Bei der Wahl der Betriebskraft einer Bergbahn wird man
heute den Betrieb mit Dampflokomotiven (mit Zylindermaschinen)
von vornherein ausschliefsen können (Die bis jetzt mit Dampf-

Fig. 4. Eibsee mit dem Wettersteingebirge.*

lokomotiven betriebene Rigibahn plant ebenfalls die Umwandlung
in elektrischen Betrieb) und nur unter den beiden elektrischen
Gruppen, Drehstrom oder Gleichstrom, zu wählen haben. Der
Drehstrom bietet für Bergbahnen gewisse Vorteile und zwar
hauptsächlich durch das geringere Gewicht und die geringeren
Abmessungen der Motoren, sowie einfache Bedienung und wenig

* Fig 1 und 4 sind Aufnahmen des Hrn. M. Beckert, Kgl. bayr. Hofphotograph
in Partenkirchen.

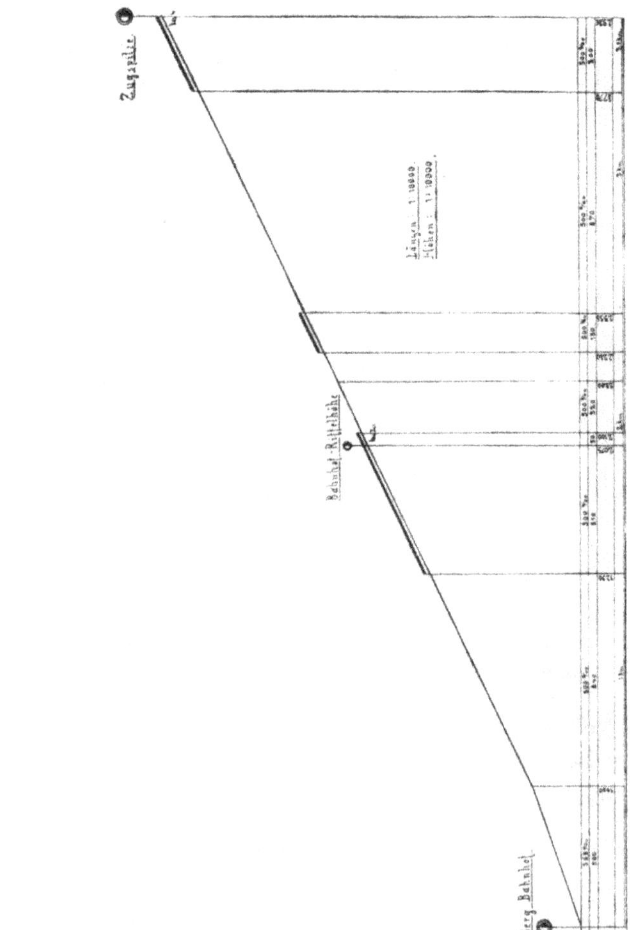

Fig. 5. Längenprofil der Zahnradstrecke.

Reparaturen. Besonders vorteilhaft wird die Verwendung von Drehstrom, wenn eine entfernte billige Wasserkraft durch Übertragung hochgespannten Drehstromes ausgenutzt werden kann; man hat in diesem Falle nur den hochgespannten Strom durch längs der Bahnlinie aufgestellte ruhende Transformatoren auf die Betriebsspannung herunter zu transformieren, während bei Gleichstrombetrieb mit Fernübertragung die besondere Bedienung erfordernden rotierenden Umformer nicht umgangen werden können. Die schwache Seite der elektrischen Bergbahnen ist besonders die Leitungsanlage und hier haben die Schweizer Steilbahnen merkwürdigerweise durchweg das gewöhnliche Strafsenbahn-Oberleitungssystem adoptiert, obwohl eine solche Freileitung in gröfseren Höhen an den stärksten Sturmwinden und Schneetreiben ausgesetzten Bergwänden Bedenken erregen dürfte, zumal die Ausbesserung in der Steigung mit grofsen Schwierigkeiten verknüpft ist. Bei der Jungfraubahn allein ist die Oberleitung gerechtfertigt, da von der Station Eigergletscher an die ganze Strecke im Tunnel liegt. Bei der Gornergratbahn dagegen wird die Fahrdraht-Freileitung ziemlich erhebliche Reparatur- und Erneuerungskosten beanspruchen. Für die Zugspitzenbahn ist die Stromzuführung durch die freihängende Oberleitung vollständig ausgeschlossen, da Reparaturen an der hochhängenden Leitung während des Betriebes auf der starken Steigung von 500°/₀₀ nicht ausführbar sind. Es bleibt also nur die Zuführung durch eine zwischen oder neben den Geleisen fest verankerte „dritte Schiene" übrig. Obwohl es bei Drehstrombetrieb möglich wäre, die beiden Fahrdrähte durch zwei neben- oder übereinander isoliert verlegte Zuleitungsschienen (dritte und vierte Schiene) zu ersetzen, lassen die höheren Anlage- und Unterhaltungskosten der vierten Schiene die Wahl nur einer „dritten Schiene" (Gleichstrom) für die Stromzuführung zweckmäfsiger erscheinen. Die Verlegung der gewöhnlichen Fahrdrähte auf geringe Höhe über oder neben dem Bahnkörper, so dafs die Stromabnahme unterhalb des Wagens durch Bügel oder Kontaktrute erfolgt, ist aus Sicherheitsrücksichten nicht angängig, indem trotz der Isoliertheit des Bahnkörpers mit dessen zufälliger Betretung durch Bergsteiger oder Bahnpersonal gerechnet werden mufs; die „dritte Schiene" gestattet auf einfache

Weise durch Anbringung von Schutzbrettern die Leitungsschiene gegen Berührung zu schützen.

Der Gleichstrom besitzt für Steilbahnen einen weiteren wesentlichen Vorzug: Die Möglichkeit der Unterstützung der Zentrale durch eine Pufferbatterie, daher können die Betriebsmaschinen von vornherein kleiner dimensioniert sein wie bei Drehstrombetrieb, wodurch trotz der Batteriekosten die Anlagekosten verringert werden.

Der wichtigste Vorteil des Gleichstromes liegt jedoch in der praktisch verwertbaren Wiedergewinnung der Energie bei der Talfahrt. Wohl ist diese an sich auch bei Drehstrombetrieb vorhanden, jedoch kann hier die wiedergewonnene Energie praktisch nur zu einem sehr geringen Teile wirklich ausgenutzt werden, in der Regel muſs dieselbe, da sie die Maschinen zu sehr entlastet, ohne nutzbringend verwertet zu werden, in einem automatisch betätigten Wasserwiderstand in der Zentrale vernichtet werden.

Bei der Jungfraubahn (Drehstrombetrieb) hat man infolge vielfach aufgetretener Mifsstände bei den neueren Lokomotiven auf die Rückgewinnung der Energie gänzlich verzichtet und vernichtet den durch Schaltung der Drehstrommotoren als selbsterregende Generatoren (mit Hülfs-Kommutator) bei der Talfahrt erzeugten Gleichstrom auf der Lokomotive selbst in (luftgekühlten) Widerständen.

Beim Gleichstrombetrieb dagegen wird die bei der Talfahrt durch die als Generatoren arbeitenden Zugsmotoren zurückgewonnene Energie, welche nach ausgeführten Versuchen fast bis 60% von der zur Bergfahrt verwendeten Energie ausmacht (Barmer Bergbahn 55%), vermittelst der Akkumulatoren-Batterie aufgespeichert, um bei der nächsten Bergfahrt wieder verwendet zu werden. In Wirklichkeit gestaltet sich die Rückgewinnung noch einfacher, indem der Fahrplan so eingerichtet ist, dafs Berg- und Talfarten zu gleicher Zeit mit Kreuzung in der Mitte ausgeführt werden, so dafs der talwärtsfahrende Zug etwa 55% der von dem bergwärts fahrenden Zug benötigten Energie an die Motoren des steigenden Zuges abgibt, so dafs die Kraftmaschinen der Zentrale nur noch die restlichen 45% in die Leitung zu arbeiten haben. Es genügt also, die Betriebsmaschinen der Zentrale nur für die Hälfte der zur Bergfahrt eigentlich erforderlichen Leistung vorzusehen; die Batterie mufs mindestens so grofs sein, um bei Ausfall einer Talfahrt die fehlenden 50% zur Bergfahrt leisten zu können.

Auch für die Strafsenbahnstrecke wird durch die Wiedergewinnung bei Talfahrt (da ohne Gegengefälle) der Gleichstrombetrieb sehr ökonomisch.

Diese vorstehend angeführten Erwägungen führten zur Wahl des Gleichstrombetriebes für die Zugspitzen-Bahn und zwar mit einer Betriebsspannung von 750 Volt sowohl für die Zahnstangen-, wie für die Adhäsionsstrecke.

Betriebskraft.

Zur Erzeugung der elektrischen Energie nutzen die schweizerischen Bergbahnen, sofern sie nicht hochgespannten Strom von grofsen Elektrizitätswerken beziehen, überall günstige Wasserkräfte selbst dort aus, wo infolge weiterer Entfernung eine Umformung zur Fernübertragung nötig ist. In der Schweiz sind die Wasserkräfte durchschnittlich billig zu verwerten, entgegen den Wasserkräften der deutschen und speziell der bayrischen Alpen, obwohl eine genügende Anzahl von ausnutzbaren Wasserläufen auch hier vorhanden ist. (Es sei nur auf die ausgezeichnete Arbeit des Herrn Baurat Dr. Ing. von Miller über die Wasserkräfte am Nordabhange der Alpen* hingewiesen.)

Wasserkraft ist sowohl in der Loisach, wie deren Nebenflufs, der Partnach (teilweise bereits durch das Elektrizitäts-Werk Garmisch-Partenkirchen ausgenutzt) vorhanden, jedoch sind bei den geringen Wassermengen und relativ geringem Gefälle die Gewinnung von mehreren hundert Pferdestärken nur durch kostspielige Wasserbauten zu erreichen. Eine Vergleichsrechnung zeigt, dafs in diesem Falle der Betrieb durch Wärmekraftmaschinen, besonders unter Berücksichtigung der kurzen Betriebszeit von nur fünf Monaten im Jahr und des Fortfalls der Fernübertragung vom Wasserkraftwerk sowie der Umformung erheblich billiger wird.

Dadurch, dafs die Krafterzeugung mit der Betriebszentrale

---

* Zeitschrift des Vereins deutscher Ingenieure, 11. Juli 1903.

vereinigt werden kann, wird der Betrieb vereinfacht und an Personal gespart.

Von der Verwendung einer Gasmaschinenanlage mit Kraftgas mufs mit Rücksicht auf einen absolut zuverlässigen und in weiten Grenzen variablen Betrieb Abstand genommen werden, so dafs nur noch eine Dampfmaschinenanlage in Frage kommt. Um die Kosten für Maschinenraum und Fundamente gering zu halten, sowie auch für die kleineren Leistungen die direkte Kupplung der Antriebsmaschine mit Dynamo zu ermöglichen, wurde die Aufstellung von Dampfturbinen-Dynamos gewählt. In folgendem sollen nun kurz die wesentlichsten Punkte des Projektes erläutert werden.

Adhäsionsstrecke.

Für die verhältnismäfsig starken Steigungen von 88 %/$_{00}$ der Strafsenbahnstrecke kann auch hier nur elektrischer Betrieb in Frage kommen und zwar gewöhnlicher Strafsenbahnbetrieb mit Oberleitung. Demgemäfs bietet auch diese Strecke nichts besonders gegenüber den bekannten Strafsen- bezw. Überlandbahnen. Für den Oberbau werden innerhalb des Ortes Garmisch Phönixrillenschienen Profil Nr. 14b mit einem Gewicht von 42,8 kg pro lfd. m für 1 m Spurweite auf einem 20 cm hohen Unterbau aus Geröllsteinen verlegt. Von km 1,2 an bis zum Bahnhof Eibsee werden gewöhnliche Vignolesschienen von 24 kg pro lfd. m mit Holzschwellen auf Geröllsteinbett verwendet. Die Schienen sind bis zum Kopf in die Strafsenbettung eingelassen, um ein ungehindertes Fahren der Strafsenfuhrwerke zu ermöglichen. Auf der letzten Strecke von „Eibsee" bis zum „Bergbahnhof" ist der Vignoles-Oberbau auf eigenem Bahnkörper auf 30 cm hoher Schotterunterlage frei verlegt. Die Verlaschung geschieht in der üblichen Weise; da die Schienen zur Rückleitung des elektrischen Stromes dienen, werden sie an den Stöfsen durch angenietete Kupferbügel, sowie in Abständen von je 100 m durch Kupferdrähte quer mit einander elektrisch verbunden. Die Weichen mit 50 m Halbmesser haben ebenfalls die übliche Form.

Die Oberleitung wird in der allgemein für Strafsenbahnen

verwendeten Form der Aufhängung des Fahrdrahtes (von 7 mm Querschnitt) an Holzmasten mit eisernen Auslegern, in Kurven Drahtabspannung an Masten, ausgeführt; letztere tragen gleichzeitig die Speise- und die Bahntelephonleitung.

Die zweiachsigen Motorwagen mit Lenkachsen haben 4,50 m Radstand bei 9,80 m Gesamtlänge und enthalten 60 Sitzplätze. Ihre Bauart ist einseitig, mit nur einem vorderen Führerstand, Türen befinden sich nur an der rechten Seite. Hierbei werden die Führerstände an den Endstationen nicht umgestellt, sondern vermittels der besonders in den Vereinigten Staaten häufigen Endschleifen (von 20 m Radius) fährt der Wagen stets in einer Richtung weiter, so dafs er im Moment der Ankunft an der Endstation sofort wieder zur Abfahrt bereit ist. Neben der besseren Ausnutzung des Wagengewichtes werden auf diese Weise die Bandagen der Räder gleichmäfsiger abgenutzt. Die Wagen besitzen zwei 85 PS-Nebenschlufsmotoren mit Zahnradvorgelege, welche aufser dem Motorwagen (mit 9 t Leergewicht) noch einen vollbesetzten Anhängewagen von 5 t (60 Plätze) Leergewicht, also ein Gesamtzugsgewicht von 22 t auf der Höchststeigung von 88 %/₀₀ mit einer Geschwindigkeit von 20 km/Std. zu befördern vermögen. Bei der Talfahrt arbeiten die Motoren als Stromerzeuger, wodurch gleichzeitig eine sichere Bremsung erzielt wird; die zurückgewonnene Energie nimmt die Pufferbatterie auf. An Bremsen erhält jeder Motorwagen:

1. Eine Handbackenbremse, welche bei Überschreitung einer bestimmten Geschwindigkeit automatisch betätigt wird,
2. Eine elektromagnetische Wirbelstrom-Bremse,
3. Eine elektrische Schienenbremse,
4. Eine Pratzenbremse mit nur auf den Strecken mit über 80 %/₀₀ Steigung neben den Schienen verlegten Hülfs-Holzbalken.

Die Anhängewagen besitzen eine Handbremse, sowie eine vom Motorwagen aus betätigte elektromagnetische Bremse.

Die Beleuchtung geschieht durch elektrische Glühlampen. An der Endstation Bahnhof Garmisch-Partenkirchen ist ein kleiner Wagenschuppen vorgesehen, um die letzten Abendwagen bis zur ersten Frühfahrt aufzunehmen.

Zahnstangenstrecke.

Die Linienführung ist bereits Seite 11 wiedergegeben, ebenso wurde die Wahl der Betriebsart schon erörtert. Die horizontale Länge der Steilstrecke beträgt 3,6 km, die schräge Betriebslänge (Schienenlänge) 4 km.

Unterbau.

Um bei der starken Steigung gröfste Betriebssicherheit mit billigen Unterbaukosten zu vereinigen, wurde vom Verfasser eine neue Unterbauanordnung entworfen. Bei dem bisher üblichen Unterbau mufs aus dem schräg abfallenden Bergprofil zur Gewinnung eines horizontalen Bahnkörpers das Profil eines rechtwinkligen Dreiecks herausgearbeitet (oder event. das ganze Profil aufgetragen) werden, und da die Kronenbreite ein gewisses Mindestmafs besitzen mufs, wird eine umfangreiche, besonders in hartem Gestein teure Erd- und Felsbewegung verursacht. Der neue Unterbau ist aus der Überlegung entstanden, dafs es viel einfacher wäre, die durch die Unterkante der Laufräder eines Bergwagens gebildete Ebene nicht horizontal, sondern schräg und parallel der Bergneigungsebene anzuordnen. Es führt dies dazu, die beiden Laufschienen nicht in einer horizontalen Ebene, sondern übereinander um ein der Bergneigung entsprechendes Mafs in der Höhenlage versetzt zu verlegen (Fig. 6 bis 9). Infolgedessen wird die Ausarbeitung und Abtragung des Bergprofils vermieden, indem jede Laufschiene der natürlichen Bergneigung folgend für sich liegt. Um das Befahren der beiden in der Höhenlage versetzten Laufschienen zu ermöglichen, mufs natürlich der Wagenkasten auf der Seite der tiefer liegenden Schiene durch höhere Stützen in der Horizontalen gehalten werden, wogegen an der oberen Schiene der Abstand zwischen Schiene und Wagenkasten so gering wie möglich zu halten ist. Es weist also nur das Untergestell des Wagens eine abnorme Konstruktion auf, als Wagenkasten kann jede beliebige Ausführung aufgesetzt werden. Obwohl es zunächst erscheinen mag, als ob durch ein solches Untergestell die Querschnittsfläche des Begrenzungsprofiles des Wagens gegenüber der gewöhnlichen Anordnung gröfser sei,

zeigt der rechnerische Vergleich, dafs die für das neue Profil
benötigte Tunnel-Ausbruchsfläche noch um etwas kleiner wird,
während fernerhin einige bedeutende Vorteile gewonnen werden.
Durch den grofsen Abstand der Untergestell-Oberkante von der
unteren Laufschiene ergibt sich auf der abwärtigen Untergestell-
hälfte ein gröfserer Raum zur Unterbringung der Motoren und
Zahngetriebe; auf der oberen Seite wird der Wagenkasten so
tief bis über die Schienen gesetzt, als es die Federung eben zu-
läfst und zwar baut man zweckmäfsig die Laufräder nach oben
unter die Sitze ein. Sodann tritt nur ein einziges Kippmoment
um die untere Laufschiene auf; das entgegengesetzte Kippmoment
um die obere Schiene wird durch das einseitige Gewicht auf-
gehoben. Man ist also in der Lage, zur Vernichtung dieses nur
in einer bestimmten Richtung zu erwartenden Kippmomentes
geeignete und besser wirksame Mittel wie die Anordnung von
Schienenzangen anzuwenden.

Die Ausführung des Unterbaues geschieht auf folgende Weise:
Jede Laufschiene wird für sich einzeln verlegt und zwar auf
entsprechenden Sätteln, deren untere Fläche horizontal, deren
obere der Steigung entsprechend geneigt ist (Fig. 10). Der
Sattel wird mit einer rechteckigen, in gemauerte Pfeiler eingelassenen Granitplatte durch Steinschrauben oder bis zum
Pfeilermauerwerk durchgehende Ankerschrauben verbunden.
Die Pfeiler sind in nach der jeweiligen Bergneigung gröfseren
oder kleineren, aus dem Fels gearbeiteten Vertiefungen funda-
mentiert und richtet sich ihre Stärke nach der erforderlichen
Höhe, welch letztere von 0,50—1,50 m variiert. Die einzelnen
den eigentlichen Unterbau bildenden Pfeiler werden je nach dem
Widerstandsmoment des verwendeten Schienenprofils in Abständen von 1,00—1,50 m aufgeführt. An gewissen Punkten,
an welchen die Bergneigung bedeutend von der als normal er-
mittelten abweicht, können die Granitplatten direkt in eine kleine
ausgebrochene Vertiefung des Felsbodens versetzt werden.

In Krümmungen wird der Abstand der Pfeiler geringer
gehalten, oder es wird besonders für die untere Schiene der
Unterbau auf die Länge der Kurve als durchlaufende Stützmauer
oder als Bogenmauer ausgeführt.

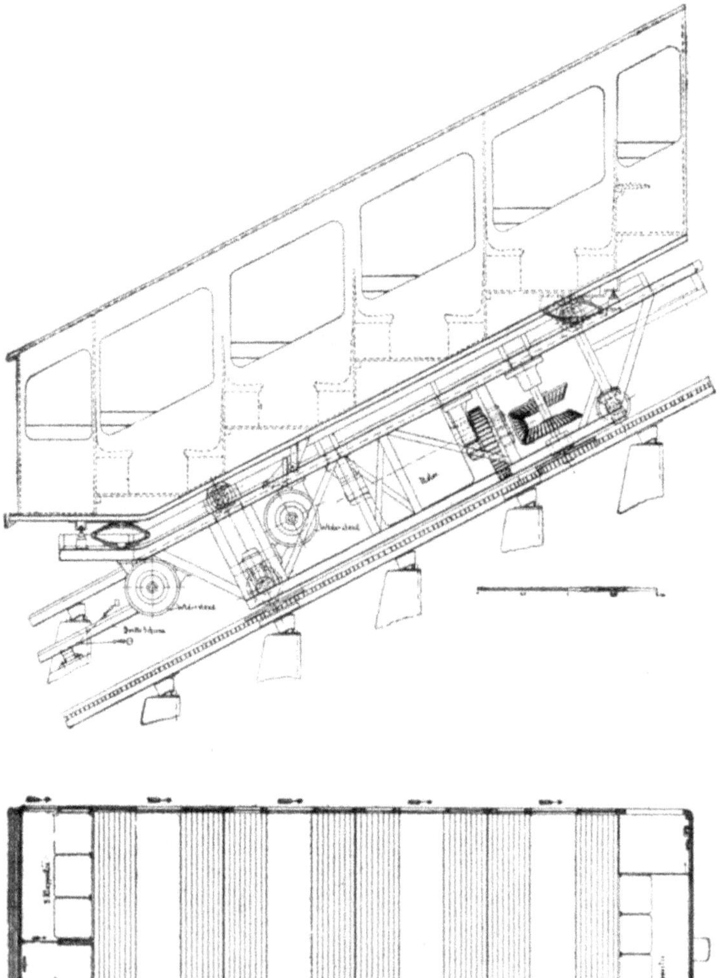

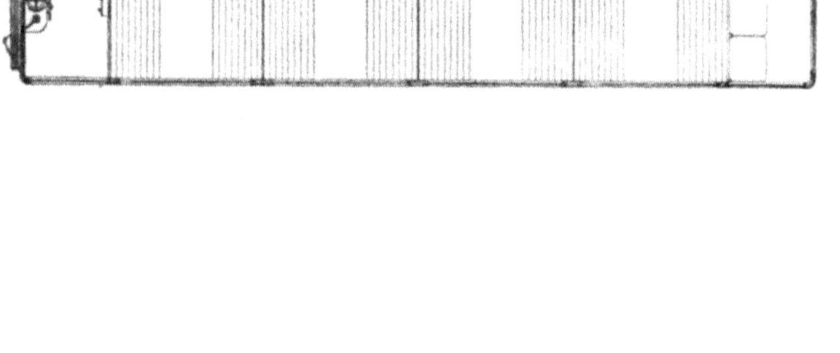

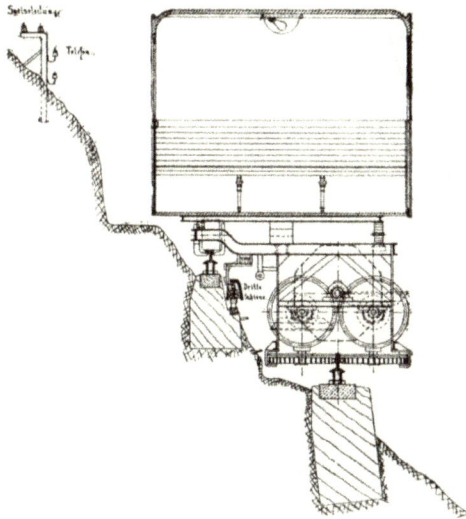

Fig. 6—8.

Anordnung des neuen Unterbaues

mit einem

Motorwagen für 56 Plätze.

(10,5 t Leergewicht.)

Oberbau.

Auch der neue Unterbau erlaubt jede Art von üblichem Oberbau zu verwenden. Man kann zunächst die eine Lauf-schiene auf dem oberen Pfeiler verlegen, die andere sowie die Zahnstange (irgend einer Konstruktion) zweckmäſsig gemeinsam auf der unteren Pfeilerreihe (mit gemeinsamer Befestigungsplatte).

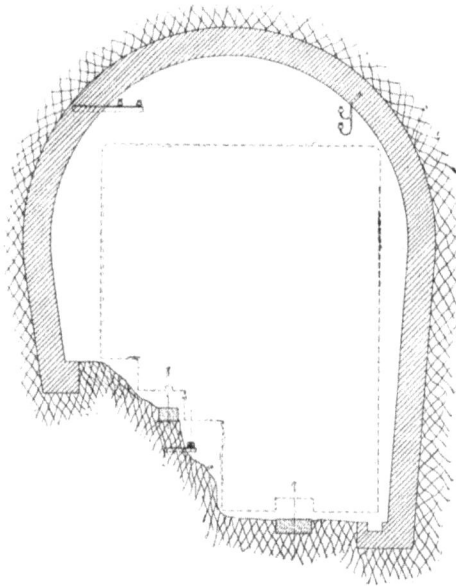

Fig. 9. Tunnelprofil
und Anordnung des neuen Unterbaues im Tunnel.

Wie schon oben angeführt, liegt bei 250⁰/₀₀ Steigung un-gefähr die Grenze für senkrechten Zahnangriff, so daſs hier für die Steigung von 500⁰/₀₀ nur seitlicher Zahneingriff zulässig ist.

Wenn auch die schweizerische Pilatusbahn mit einer Höchst-steigung von 480⁰/₀₀ noch mit Dampflokomotiven betrieben wird, so sind doch eine Reihe von Grundzügen dieser Bahn als vorbildlich für die Ausführung derartig steiler Zahnradbahnen

anzusehen. So kann das Prinzip des Zahntriebes, nämlich die
Verwendung einer Zahnstange mit seitlichen Zähnen, in welche
zwei horizontale, symmetrisch angeordnete Zahnräder seit-
wärts eingreifen, ohne weiteres als das absolut zuverlässigste
angesehen werden. Es erübrigt nur, die Zahnstange dem heutigen Stande der Walztechnik entsprechend weiter auszubilden,

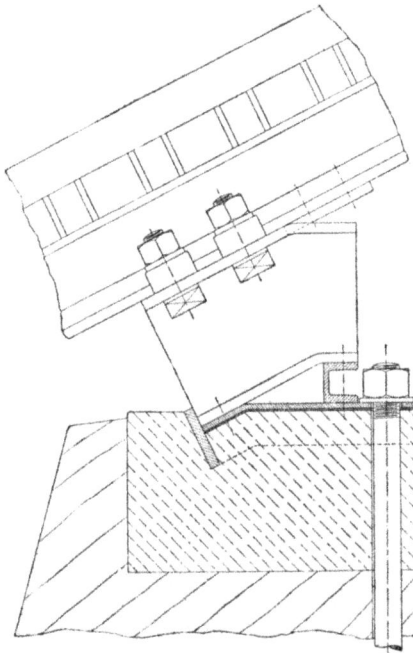

Fig. 10. Sattel zur Befestigung des Oberbaues.

um besonders deren Sicherheit zu erhöhen wie ihre Kosten zu
verringern.

Die (vom Verf. entworfene) Doppel-Zahnstange (Fig. 11 u.
12) wird als Goliathschiene ähnlich der Zahnstange von Strub
mit normalem Fuſs und Steg und verbreitertem und erhöhtem
Kopf aus einem Stück gewalzt. In beiderseitige Kopfrippen
wird die Zahnstange durch Ausbohren und Fräsen eingearbeitet,

während der erhöhte Kopf einmal als Laufschiene sodann als
Führungsschiene für zwei mit den Zahnrädern auf einer Achse

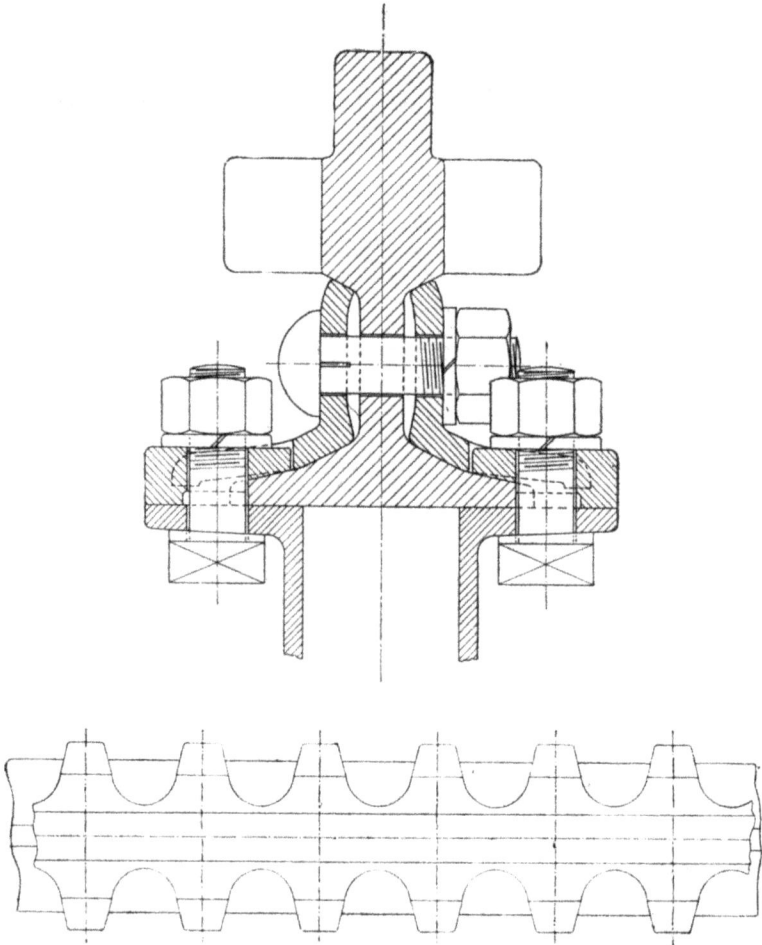

Fig. 11 und 12.   Profil und Grundriſs der neuen Doppel-Zahnstange.

sitzende Führungsscheiben, welche sich bei der Fahrt an der
erhöhten Kopfrippe abwickeln, dient.   Die Verbindung der
Zahnschienen geschieht in derselben Weise wie bei Vignoles-

schienen durch Verlaschung und Stumpfstofs. Für die Zahnstange wird die heute allgemein gebräuchliche Evolventen-
verzahnung mit abgeschrägtem Kopf verwendet. Die Zahnstangenschiene wird in Stücken von je 6 m Länge aus Stahl
von 45 kg / qmm Zugfestigkeit mit einem Gewichte von
68 kg per lfd. m (Profilquerschnitt am Zahngrund 75 qcm)

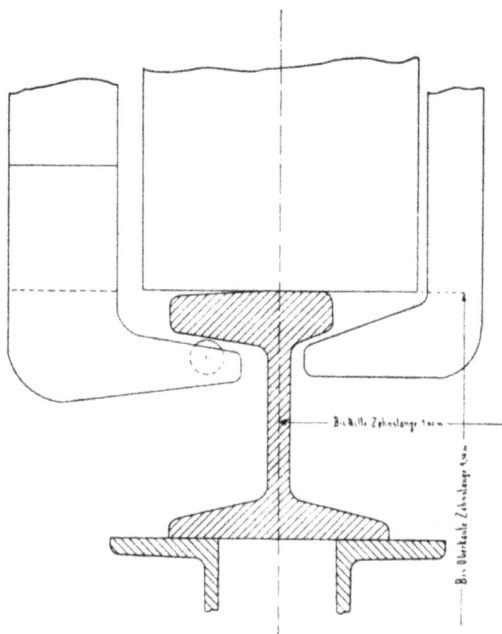

Fig. 13. Profil der oberen Laufschiene.

hergestellt. Die Kurvenstücke werden erst an der Baustelle in
fertig bearbeitetem Zustand gebogen. Die Sicherheit dieser
neuen Zahnstange ist besonders hoch, da sie zwei einzelne
Zahnstangen ersetzt.

Die obere Laufschiene (Fig. 13) ist ebenfalls eine Goliathschiene mit einseitig verlängertem Kopf, unter welchem auf der
Bergseite am Wagen befestigte Fanghaken zur Sicherung
gegen Kippen greifen.

Die Laufschiene von 52,3 qcm Profilquerschnitt wiegt 41 kg pro lfd. m und wird in Stücken von 12 m Länge verlegt. Die Befestigung sowohl der Laufschiene wie der Zahnstangenschiene geschieht durch die bereits oben beschriebenen auf den Granitplatten befestigten Sättel vermittels Schrauben. Um eine ungehinderte Längenausdehnung der Schienen zu sichern, werden dieselben in der Mitte fest verschraubt, während die oberen und unteren Sättel längliche Löcher besitzen. Zur Entlastung der Schrauben gegen den Schubdruck sind an der Schiene Anschlagplatten angenietet, so dass der Schub direkt vom (mittleren) Sattel aufgenommen wird.

Diese Befestigungsart des Oberbaues bietet die denkbar gröfste Sicherheit gegen das Wandern, nichtsdestoweniger sind noch in Abständen vom 200 m zur Aufnahme der zumal beim Bremsen starken Schubkräfte besonndere den üblichen Betonsätzen analoge schwerere Pfeilersätze vorgesehen.

Stromzuführung.

Wie oben näher ausgeführt, konnte für die Zahnradstrecke nur die Stromzuführung durch „dritte Schiene" Verwendung finden, und zwar wird eine aus Thomasstahl hergestellte Vignolesschiene von 23 kg pro lfd. m mit einem Leitungskoeffizienten von 0,099 auf halber Höhe zwischen oberer Laufschiene und Zahnstange verlegt (Fig. 8). Die mit Anschlaglaschen versehenen, die Schiene aufnehmenden Ambroin-Isolatoren werden auf Holzklötzen verschraubt, welche in einen entsprechend gemauerten Absatz der oberen Pfeiler eingelassen sind. Im Tunnel und an günstigen Profilstellen ruhen diese Holzklötze direkt auf je zwei in den Fels eingelassenen U-Eisen (Fig. 9).

An den Stöfsen werden die Leitungsschienen durch angenietete kupferne Schleifen verbunden; auf die Dilatationsvorrichtungen ist besondere Sorgfalt gelegt. Die Stromabnehmer sind in der üblichen Weise als federnde Kontaktschuhe ausgebildet.

Die Verankerung der dritten Schiene erfolgt aufser durch die mit Anschlägen versehenen Isolatoren durch im Fels verankerte Spanndrähte mit Schnallenisolatoren und Spannschlössern. Zum Schutze gegen Berührung ist die dritte Schiene mit zwei

Schutzbrettern verkleidet, welche nur einen seitlichen Schlitz für den Stromabnehmer offen lassen. Die Rückleitung geschieht durch die Schienen und zwar werden dieselben an den Stöſsen durch angenietete Kupferbügel wie auch quer durch Kupferkabel leitend verbunden.

Die Speiseleitung ist ebenso wie die Telephonleitung auf niedrigen unmittelbar in den Fels eingelassenen U-Eisen mittels Isolatoren befestigt.

Fahrzeuge.

Da durch die neue Unterbauanordnung ein genügend groſser Raum für die Unterbringung der Motoren und Getriebe gewonnen wird, kann man an Stelle der besonderen Lokomotive den Personenwagen gleichzeitig als Motorwagen verwenden, wodurch eine bedeutende Ersparnis an totem Gewicht erzielt wird.

Das Untergestell des Motorwagens (Fig. 6 und 8) wird durch einen aus Längs- und Querträgern zusammengenieteten Rahmen gebildet, welcher auf vier Laufrollen (ohne Spurkranz) abgefedert ist. Hinter der obersten Laufrolle greifen die Zahnräder an, während der Motor parallel der Längsrichtung des Untergestelles gelagert ist. Obwohl die Anordnung von zwei Motoren entweder hintereinander mit gemeinsamer Achse oder auch quer keine Schwierigkeiten verursacht, empfiehlt es sich, nur einen Motor zu wählen, da dieser bei Strecken mit seltenem Anfahren vorteilhafter arbeitet und gleichzeitig nicht unbedeutend an Gewicht und Kosten gespart wird.

Der sechspolige Nebenschluſsmotor von 220 PS Maximalleistung und 330 Umdrehungen in der Minute ist fest am Untergestell gelagert. Auf der verlängerten Welle sitzt ein Ritzel von 160 mm Durchmesser, welches je in ein groſses Zahnrad von 720 mm Durchmesser (Übersetzungsverhältnis 1:4,5) eingreift, von dessen Welle die senkrechte Achse des Zahntriebrades durch eine Kegelradübersetzung 1:2,43 angetrieben wird. Das Gesamtübersetzungsverhältnis ist 1:10,93, so daſs bei 700 mm Durchmesser des Zahntriebrades der Wagen mit 330 Umdrehungen am Motor rd. 4 km in der Stunde zurücklegt.

Auf der vertikalen Zahntriebwelle sitzt kurz über jedem Zahnrad je eine Führungsscheibe, deren Umfang bei fort-

schreitender Bewegung des Wagens sich an den Flanken der
erhöhten Kopfrippe der Zahnstangenschiene, wie schon weiter
oben beschrieben, abwickelt. Hierdurch wird die eigentliche
Führung des Wagens bewirkt, da eine Führung durch Spur-
kranzräder bei Steigungen von 500⁰/₀₀ nicht durchführbar ist.
In der Ebene der unteren Laufrollen sind ebenfalls zwei senkrechte Wellen (ohne Zahntriebrad) mit derartigen Führungsscheiben von geringerem Durchmesser angeordnet, so dafs der
eigentliche feste Radstand des Wagens die Entfernung dieser
beiden Führungsscheiben-Achsen ist; derselbe beträgt im vorliegenden Falle 3,60 m, die Gesamtlänge des Wagens über alles
7,80 m (in der Projektion).

Um in den Krümmungen der ungleichen Abwicklung der
Zahntriebräder Rechnung zu tragen, besitzt das erste Kegel-
zwischenrad eine gelenkartige Vorrichtung (Stahlzapfen mit Spiel),
welche in gewissen Grenzen eine Verschiebung der Zahntriebräder (in den Kurven) ermöglicht.

Besondere Sorgfalt ist auf die Federung der Laufrollen gelegt, um bei der schraubenförmigen Lage des Oberbaues in
den Kurven auf starken Steigungen ein sicheres Fahren zu
erreichen.

Der Motorwagen besitzt folgende von einander unabhängige
Bremsvorrichtungen:

1. zwei als Handspindelbremsen ausgebildete Bandbremsen
mit je einer Bremsscheibe auf jeder vertikalen Zahntriebwelle,
und zwar erfolgt das Anziehen der Bremsbänder durch Hebel-
verbindung auf allen Bremsscheiben gleichmäfsig; bei Defekt-
werden der einen Spindelbremse ist somit sofort die zweite
als Reserve vorhanden;

2. eine elektromagnetische Schienenbremse, welche sowohl
auf die erhöhte Kopfrippe der Zahnstange (von beiden Seiten)
als auch auf die obere Laufschiene (obere und untere Fläche
des verbreiterten Kopfes) wirkt;

3. eine auf die Zahntriebachse wirkende Schneckenbremse
(ähnlich der bei der Pilatusbahn verwendeten). Durch dieselbe
ist der Wagen bei der Bergfahrt stets gegen Zurückrollen gebremst;

4. zwei von einander unabhängige automatische Zentrifugal-
Geschwindigkeitsbremsen, welche nacheinander bei Steigerung

der normalen Fahrgeschwindigkeit um 20 resp. 25% die Bandbremsen der Zahntriebachsen betätigen.

Die Bremsen 1 und 2 können auch vom oberen Führerstand aus betätigt werden.

Bei der Talfahrt wird dadurch, dafs die Motoren als Stromerzeuger auf die Leitung geschaltet sind, der Wagen kontinuierlich gebremst. Um jedoch vollständig unabhängig von der
Stromleitung eine sichere Talfahrt zu gewährleisten, sind zwei
durch elektrisch angetriebene Ventilatoren gekühlte Eisenband-
Widerstände vorgesehen. Dieselben sind grofs genug, um die
gesamte bei der Talfahrt erzeugte Energie sofort auf dem Wagen
zu vernichten, so dafs der Zug auch bei Störungen in der
Stromzuleitung noch mit derselben Sicherheit talwärts fahren
kann.

Der Wagenkasten mit vier in der Höhenlage der Steigung
entsprechend versetzten Coupés von je 12 Sitzen ist federnd
auf das Untergestell aufgesetzt. Der Schub wird durch zwei
kräftige, nach dem Federspiel einstellbare Rollen-Widerlager aufgenommen. Das untere Endabteil dient zur Hälfte als Führerraum, während die andere Hälfte drei aufklappbare Sitze enthält.
In dem oberen Endabteil befinden sich noch fünf Klappsitze,
sowie ein Standplatz für den Zugführer bei der Bergfahrt (bei
der Talfahrt hält sich der letztere in dem unteren Führerraum
auf). Die auf der Einsteigseite befindlichen Schiebetüren werden
jeweilig erst in den Stationen durch den Führer entriegelt; die
Fenster sind reichlich grofs gehalten und auf der türenlosen
Seite herablafsbar. Im Wagenuntergestell sind Wasserbehälter
zur Versorgung der oberen Station (Hotel auf der Zugspitze)
mit Trinkwasser, sowie kleine Gepäckkasten eingebaut. Das
Gesamtgewicht des leeren Motorwagens beträgt 11,5 Tonnen.

Wenn bei stärkerem Andrang der Motorwagen mit 56 Sitz-
plätzen nicht ausreicht, wird ein halboffener Wagen mit festem
Dach und schliefsbaren Tuchvorhängen vorgeschoben. Dieser
Vorschiebwagen hat ein dem Motorwagen analoges Untergestell,
welches von vier Laufrollen getragen wird. In der oberen Lauf-
rollenebene sind wie an dem Motorwagen auf senkrechten Wellen
zwei Führungsscheiben angeordnet, welche sich an der Zahnrad-
schiene abwickeln. Am unteren Ende ist der Hauptträger des

Untergestells verlängert; beim Zusammenkuppeln zweier Wagen
wird dieser Träger in einem entsprechenden Rahmenstück des
Motorwagens drehbar befestigt, so dafs der Motorwagen das
Drehgestell für den nur an der oberen Achse geführten Vorschiebwagen bildet. Solche kombinierte Fahrzeuge wurden
bereits bei der Gornergrat- und Jungfraubahn nach dem Vor-
schlage von Strub verwendet. Im voliegenden Falle ist die
Konstruktion insofern eine andere, als bei jenen Bahnen die
als Drehgestell des kombinierten Fahrzeuges dienende Lokomotive auch den gröfsten Teil des Gewichtes des Hülfswagens
aufnimmt, während bei dieser zum Zwecke der besseren Ver-
teilung der Achsbelastung und des Raddruckes das Gewicht des
Vorschiebwagens selbständig durch seine vier Rollen getragen
und hierdurch gleichzeitig das Verschieben der Hülfswagen in
der Station erleichtert wird. Um die Zugsgewichte dem ver-
änderlichen Verkehrsbedürfnis möglichst anzupassen, sind zwei
verschiedene Gröfsen von Vorschiebwagen vorhanden, welche
je nach Bedarf vorgekuppelt werden. Die kleineren Wagen
enthalten 41, die gröfseren 65 Sitzplätze, so dafs mit einem Zuge
(Motor- und grofser Vorschiebwaren) maximal 121 Personen
bei einer Fahrt befördert werden können. An Bremsen besitzt
der Vorschiebwagen eine vom Motorwagen sowie vom oberen
Führerstande des Hülfswagens zu betätigende doppelte Hand-
bandbremse, sowie eine an diejenige des Motorwagens ange-
schlossene auch vom oberen Führerstand bedienbare elektrische
Schienenbremse. Das Gewicht des kleineren Hülfswagens beträgt 3,8, das des gröfseren 5 Tonnen.

Zur Beleuchtung der Wagen dienen in den Motorenstrom-
kreis eingeschaltete Glühlampen sowie eine gröfsere zwei-
lampige Signallaterne mit Reflektor (zur Streckenbeleuchtung).

Der Wagenpark der Zahnradstrecke umfaßt zunächst
3 Motorwagen, 2 kleinere und 2 grofse Vorschiebwagen.

Fahrplan.

Die bei Bergbahnen angewandte Fahrgeschwindigkeit liegt in
den Grenzen von 3,6 bis 9 km/Stunde und zwar wurden Geschwindigkeiten über 7 km erst durch den elektrischen Betrieb

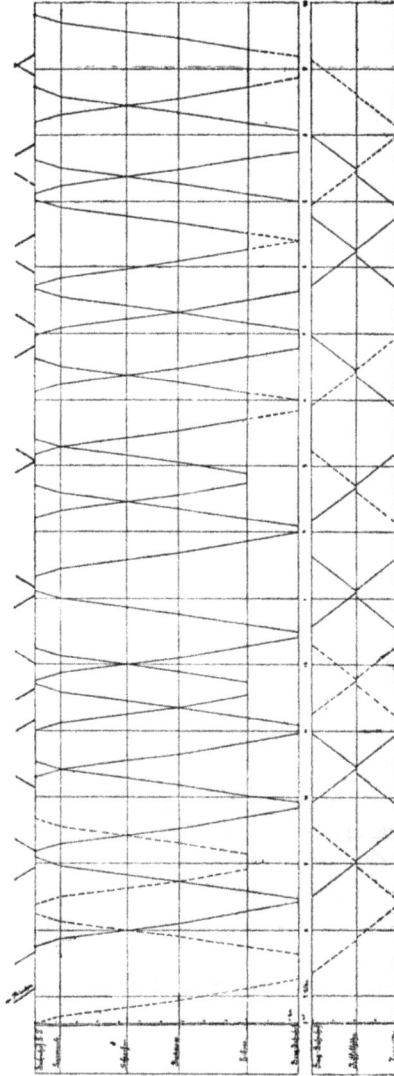

Fig. 14. Graphischer Fahrplan der Adhäsions- und Zahnstangenstrecke.

ermöglicht. Die hauptsächlichsten Schweizer Bergbahnen fahren mit den folgenden Geschwindigkeiten:

Rigibahn . . . . . 7 km/Stunde	}	
Pilatusbahn . . . . 3,6 „ „	} Dampfbetrieb.	
Wengernalpbahn . . 7 „ „	}	
Engelberg Steilrampe 5 „ „	}	
Gornergratbahn . . 7 „ „	} Elektrischer Betrieb.	
Jungfraubahn . . . 8,1 „ „	}	

Die Wahl der Fahrgeschwindigkeit ist von wesentlicher Bedeutung für die Betriebskosten, indem bei zunehmender Steigung jede Erhöhung der Geschwindigkeit einen bedeutend gröfseren Energieaufwand bedingt. Für ein Zugsgewicht von 26 t berechnet sich beispielsweise bei 500 $^0/_{00}$ Maximalsteigung die erforderliche Motorenleistung A für verschiedene Fahrgeschwindigkeiten zu:

$$v = 3 \quad 4 \quad 5 \quad 6 \quad 7 \quad 8 \quad km/Std.$$
$$A = 148 \quad 197 \quad 247 \quad 296 \quad 345 \quad 394 \quad PS.$$

Für die Zugspitzbahn wurde eine Geschwindigkeit von 4 km/Stunde gewählt, um einerseits möglichst geringen Kraftbedarf und andrerseits nicht zu lange Fahrzeit zu erhalten Letztere beträgt somit für die 4 km lange Zahnradstrecke eine Stunde. Die Fahrgeschwindigkeit der Strafsenbahnstrecke variiert von 10 km/Stunde innerhalb des Ortes bis 30 km auf freier Strecke. Auf den Steigungen betragen die jeweiligen Geschwindigkeiten etwa:

$$^0/_{00} \text{ Steigung} \quad 40 \quad 50 \quad 60 \quad 70 \quad 80 \quad 88.$$
$$\text{km/Std.} \quad 26 \quad 25 \quad 24 \quad 23 \quad 22 \quad 20.$$

Der in Fig. 14 wiedergegebene graphische Fahrplan ist so gewählt, dafs an jeden auf der Eisenbahnstation Garmisch-Partenkirchen eintreffenden Zug (von München) eine durchgehende Strafsen- und Bergbahnfahrt stattfindet, während aufserdem auf der Strafsenbahnstrecke Zwischenfahrten für den Lokalverkehr zum Eibsee eingelegt sind.

Der Fahrplan wird insofern eine Änderung erfahren müssen, als die jetzige Eisenbahnlinie München—Garmisch—Partenkirchen für den durch eine Bahn auf die Zugspitze gesteigerten Zufahrtsverkehr eine gröfsere Anzahl mit gröfserer Geschwindigkeit fahrender Züge einzulegen gezwungen ist.

Die durchbrochenen Linien des Fahrplanes sind nur nach Bedarf im Juli und August gefahrene Züge. Es ergeben sich somit für den gewöhnlichen Verkehr täglich fünf Berg- und fünf Talfahrten, nach Bedarf können jedoch an Sonntagen und in der Hauptverkehrszeit bis zu neun Fahrten ausgeführt werden.

Kraft-Zentrale.

Die Betriebszentrale wird aus ökonomischen Rücksichten mit dem zum Übergang von der Strafsenbahn auf die Zahnradbahn dienenden Bergbahnhofe am Beginn der Zahnradstrecke vereinigt, wodurch die günstigste Stromverteilung für beide Bahnstrecken erzielt wird. Um an Personal zu sparen, wird der Betriebszentrale eine für beide Strecken gemeinschaftliche Wagen-Reparaturwerkstatt sowie eine Wagen-Remise für die Strafsenbahnstrecke angegliedert (Fig 15).

Die Wahl der Betriebskraft wurde bereits auf Seite 21 erörtert. Es empfiehlt sich als in jeder Hinsicht billigste und zuverlässigste Betriebsmaschine die direkt mit der Dynamo gekuppelte Dampfturbine; dieselbe beansprucht nur geringen Raum, keine Fundamente, seltene und einfache Reparaturen, wenig Schmieröl und kann in kurzer Zeit mit geringen Kosten gegen ein gröfseres Aggregat ausgewechselt werden. Ihr Dampfverbrauch ist (ebenso wie ihre Anschaffungskosten) mindestens dem guter Kolbenmaschinen gleich, im Durchschnitt jedoch geringer.

Der maximale Kraftbedarf für die Bergbahnstrecke berechnet sich folgendermafsen:

Der Traktionskoeffizient ($= 10$—15) werde zu 15 kg/t angenommen, dann sind zur Fortbewegung des Zuges auf der Horizontalen erforderlich

$$A_h = 40 \cdot G \cdot v \text{ in Watt,}$$

worin G das Gewicht des ganzen Zuges in Tonnen und v die Fahrgeschwindigkeit in km/Stde. bedeutet.

Um jedoch eine Steigung von s ‰ zu überwinden, beträgt der Energieaufwand

$$A_s = 2{,}75 \cdot s \cdot G \cdot v \text{ in Watt.}$$

Die erforderliche Traktionsleistung ergibt sich also aus der Summe von A_h und A_s.

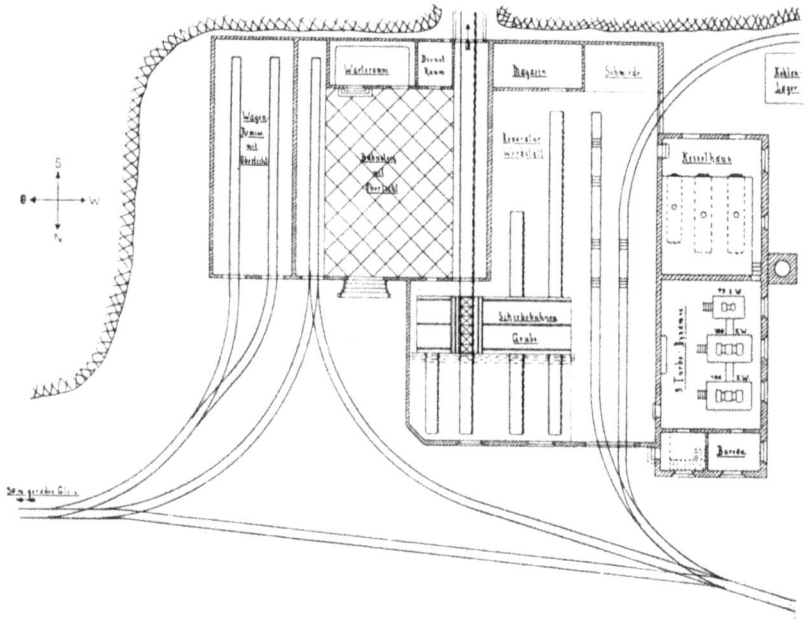

Fig. 15. Kraftzentrale und Bergbahnhof.

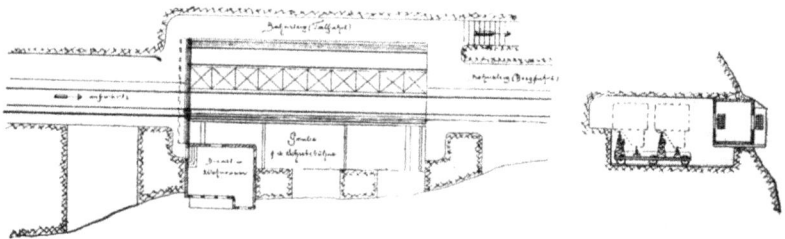

Fig. 16. Kreuzungsbahnhof Riffelhöhe.

Als gröfstes zu beförderndes Zugsgewicht ergibt sich auf der Zahnradstrecke:

Motorwagen	11,5 t
58 Personen à 75 kg . . . , . . .	4,5 t
Totales Motorwagengewicht . .	16,0 t
Grofser Vorschubwagen	5,0 t
66 Personen	5,0 t
Totales Hülfswagengewicht . . .	10,0 t

Mithin das maximale Zugsgewicht zu 26 t.

Wir erhalten somit

$$A_h = 40 \cdot 26 \cdot 4 = 4160 \text{ Watt}$$
$$A_s = 2,75 \cdot 500 \cdot 26 \cdot 4 = 143\,000 \text{ Watt}$$
$$A = A_h + A_s = 147\,160 \text{ Watt.}$$

Am Triebrad sind also 147,16 Kw. erforderlich, so dafs der Motor (mit Einschlufs der Verluste des Zahngetriebes) maximal rd. 164 Kw. leisten mufs.

Die Verluste zwischen Zentrale und Motor betragen bei einem Wirkungsgrad

des Motors mit	93 %
der Stromleitung mit . .	85 %
der Speiseleitung mit . .	95 %
der Dynamos mit . . .	92 %

total 85 %. Somit beträgt der gröfste Kraftbedarf in der Zentrale für einen Bergbahnzug 222 Kilowatt.

Bei der Talfahrt ergibt sich die freiwerdende Energie aus der Differenz $A_h - A_s$. Praktisch kann man die zurückgewonnene Energie im Mittel zu 50 % rechnen.

Für die Strafsenbahnstrecke ergibt sich der maximale Kraftbedarf am Wagenmotor auf der Höchststeigung von 88 ‰ bei 20 km/Stde. Fahrgeschwindigkeit und 22 Tonnen gröfstem Zugsgewicht zu 128 Kw.. Mithin ist der gröfste Kraftbedarf in der Zentrale für einen Strafsenbahnzug 172 Kw.

Bei günstiger Fahrplaneinteilung werden diese Maximalbelastungen nur auf jeweilig kurze Zeiträume erforderlich sein, indem bereits rd. 50 % durch die talfahrenden Züge in die Leitung zurückgeliefert werden. Man kann daher die Zentralenleistung nach der halben erforderlichen Höchstgesamtleistung, also rund 200 Kw., bemessen, während der Rest für die kurzen Zeiten des vollen Strombedarfes einer genügend starken Puffer-batterie entnommen wird. Unter Berücksichtigung eines Reserve-satzes werden zweckmäfsig zwei Maschinensätze zu je 100 Kw. sowie ein solcher von 75 Kw. gewählt.

Die Dynamomaschine ist mit der Dampfturbine direkt ge-kuppelt und auf gemeinsamer Grundplatte montiert. Die ganze Turbodynamo wird auf einem 2 m hohen Eisengerüst im Maschinenraum aufgestellt, so dafs unter dem Gerüst in einer Grube die gesamte Kondensationseinrichtung Aufnahme findet. Es wird so äufserst geringer Platzbedarf mit gröfster Übersicht-lichkeit vereinigt. Der Dampfverbrauch der 100 Kw.-Turbinen beträgt bei 12 Atm. Dampfspannung, 150° Überhitzung und 92 % Vakuum (Einspritz-Kondensation) 9,8 kg pro Kw. und Stunde. Die zur Reserve dienende 75 Kw.-Turbine ist von einfacherer Bauart, ihr Anschaffungspreis ist bedeutend geringer wie derjenige der 100 Kw.-Turbine, während andererseits hier-durch ein höherer Dampfverbrauch, rund 12 kg pro Kw./Stunde, bedingt ist. Der Kohlenverbrauch der 100 Kw.-Turbinen ergibt sich demgemäfs zu rund 1,2 kg pro Kw. und Stunde (Kessel-kohle von 7500 WE).

Über den Turbodynamos ist anstelle eines Laufkranes ein über die Maschinenhauslänge reichender Träger mit Lauf-katze angeordnet. Die Schalttafel befindet sich gegenüber dem mittleren Turbinensatz. Das Kesselhaus enthält 2 Einflamm-rohrkessel von je 50 qm und 1 von 40 qm Heizfläche, sowie die erforderlichen Speisepumpen. In dem über dem Maschinen-hause liegenden Akkumulatorenraume ist eine Pufferbatterie von 200 Kw. untergebracht, deren Aufladen durch Erhöhung der Maschinenspannung erfolgt.

Zur Wasserversorgung der Zentrale dient ein am Berg-abhange aufgestelltes, durch Quellwasser gespeistes Reservoir; die Entwässerung geschieht nach dem nahen Rohrbach. Die sonstigen Einrichtungen des Kraftwerkes entsprechen den üblichen Anordnungen.

Die Reparaturwerkstatt mit Schmiede besitzt Strafsenbahn- und Bergbahngeleise mit Revisionsgruben sowie einen 5 t Laufkran.

Bahnhofsanlagen.

Der Ausgangspunkt der Zahnradbahn ist mit dem Endpunkt der Strafsenbahn zu dem gemeinsamen an die Kraftzentrale angebauten „Bergbahnhof" vereinigt. Der Bahnsteig ist durch Kombination von Treppen und schiefen Ebenen auf der westlichen Seite der Steigung entsprechend schräg, auf der Strafsenbahnseite horizontal angeordnet; das Umsteigen vollzieht sich so in schneller und bequemer Weise. Das Umsetzen der Wagen erfolgt durch eine Schiebebühne.

Der in der Mitte der Zahnradstrecke auf 2075 m Höhe gelegene Kreuzungsbahnhof „Riffelhöhe" (Fig. 16) befindet sich 50 m vor dem Ausgang des Haupttunnels und zwar ist die Aufsenwand teilweise ausgebrochen. Die Kreuzung der Züge erfolgt in der Weise, dafs der zuerst ankommende Talfahrtzug auf einer Schiebebühne hält, letztere durch einen vom Betriebsstrom gespeisten Elektromotor seitwärt fährt, womit die Lücke des Hauptgeleises durch ein zweites Geleisestück der Schiebebühne geschlossen wird. Zwei Minuten nach Ankunft des Talfahrtzuges trifft der bergwärts fahrende Zug ein und fährt über die Schiebebühne durch, um hinter derselben an dem „Bergfahrtbahnsteig" zum Ein- und Aussteigen zu halten. Nach erfolgter Durchfahrt fährt die Schiebebühne mit dem Talfahrtzug, an welchem in der Zwischenzeit an dem „Talfahrtbahnsteig" ebenfalls das Ein- und Aussteigen für die Station Riffelhöhe abgefertigt wurde, wieder zurück und hierauf setzt der Zug seine Talfahrt fort, während der oberhalb der Bühne befindliche steigende Zug nach erfolgter Abfertigung bereits vorher weiterfuhr. Der Gesamtaufenthalt für den Talfahrtzug zum Zwecke der Kreuzung beträgt 5 Minuten, derjenige des Bergfahrtzuges 2 Minuten. Zur Sicherung ist die Einrichtung getroffen, dafs die Leitungsschiene auf eine bestimmte Länge vor und hinter der Schiebebühne bei unrichtiger Stellung der letzteren stromlos wird, so dafs der steigende Zug durch seine Schneckenbremse angehalten wird, während der Führer des fallenden Zuges, falls er das bei unrichtiger Stellung automatisch erfolgte Haltesignal nicht beachtet hat, nunmehr das Ausbleiben des Stromes am Amperemeter bemerkt und somit bereits vor der Wirkung der

automatischen Geschwindigkeitsbremse den Zug langsam vermittels der Handbremse anhalten kann.

Ein Hülfsbahnsteig unterhalb der Schiebebühne gestattet in
Ausnahmefällen die Abfertigung des Bergfahrtzuges auch hier,
falls der Talfahrtzug nicht rechtzeitig eingetroffen ist.

Die Schiebebühne ist in die Steigung von 500 % o eingebaut
und wird der abwärts gerichtete Druck durch kräftige Stahl-
rollen auf schwere in den Fels verankerte Widerlager über-
tragen. Im Notfalle kann dieselbe von dem auf dem Kreuzungsbahnhof stationierten Wärter von Hand bedient werden.

Von dem mittleren der drei miteinander verbundenen Bahn-
steige führt eine Treppe zu einem Tunnel unter der Bahntrace
hindurch nördlich ins Freie und zwar vermittels einer bahn-
seitig zu erbauenden Weganlage zu einem nahe der Riffelscharte
in 2150 m Höhe zu errichtenden Hotel. Infolge der besonders
schönen Aussicht nach Süden (Riffelwandspitzen, Ansicht der
gewaltigen Zugspitze, der Schnee- und Trümmerkare) und über
das Eibseebecken sowie der Nähe der als grüne Kuppel hervorragenden „Hohen Riffel" (Riffeltorkopf) würde ein dort zu
erbauendes Hotel besonders für längeren Aufenthalt und Luft-
kurzwecke (wie z. B. die Rigihotels in der Schweiz) einzu-
richten sein.

Der Endbahnhof „Zugspitze" liegt 42 m unterhalb des Ost-
gipfels zwischen diesem und dem Westgipfel, ebenfalls in halb-
offenem Tunnel. Von dem mit Wartehalle und Dienstraum
versehenen Bahnsteig führt eine ausgesprengte Felsgalerie,
welche auf ihrem ganzen Wege eine prächtige Aussicht bietet,
zu dem Ostgipfel (2962 m) wie auch zum Westgipfel (2964 m)
mit dem Münchnerhaus und der Aussichtskanzel.

Es ist natürlich erforderlich, das Gebiet zwischen Ost- und
Westgipfel und östlich nach den Höllentalspitzen zu sowie nach
einigen hervorragenden Punkten durch ausgesprengte Wege mit
Geländer bequem zugänglich zu machen. Das Hotel wird an
geschützter Stelle möglichst nahe am Endbahnhof erbaut, um
die Zufuhr von Lebensmitteln usw. einfach zu gestalten.

Die sämtlichen drei Bergbahnhöfe sind durch Telefon-
leitungen verbunden; aufserdem kann jeder Zugführer im Be-
darfsfalle mittels einer Kontaktstange das im Führerraum des

Motorwagens befindliche Telefon an die längs der Bahnlinie verlegte Leitung anschalten und sich so mit der Zentrale oder einem Bahnhof verständigen.

Anlagekosten

Die Anlagekosten der Bergbahn sowie der Strafsenbahnstrecke einschliefslich aller Ausgaben für zugehörige Nebenarbeiten wie der Bauzinsen belaufen sich auf rund 2 Millionen Mark, sind also verhältnismäfsig sehr niedrig.

Die einzelnen Beträge ergeben sich aus folgendem

Auszug des Kostenvoranschlages:

I. Grunderwerb.

Die Grunderwerbskosten erstrecken sich auf einige Erwerbungen in Garmisch, Untergrainau und dem Zug-Wald usw., während für die Benutzung der Staatsstrafse sowie teilweise der Gebirgswände eine jährliche, der Einnahme prozentuale Nutzungsentschädigung den Betriebskosten zur Last fällt. Es ergeben sich an gesamten Grunderwerbskosten . . . .   Mk. 30000,—

Sa. I.   Mk. 30000,—

II. Hochbauten.

An Hochbauten: Zentrale, Bergbahnhof, Werkstatt, Wagen - Remise, verschiedene Stationsgebäude, Wartehallen usw. . . . .   Mk. 75000,—

Sa. II.   Mk. 75000,—

III. Bahnbau.
A. Adhäsionsstrecke.

11,5 km Vignoles Geleise, 1 m Spur, auf Holzschwellen im Strafsenbett fertig verlegt; 1,5 km Phönixrillenschienen auf Schotter fertig verlegt,

div. Weichen . . . .   Mk. 215000,—

B. Zahnstangenstrecke.

a) Unterbau.

4 km neuer Pfeiler-Unterbau einschliefslich Lieferung und Befestigung
der Sättel, fertig verlegt,

900 m Tunnel-Ausbruch mit teilweiser
Ausmauerung,

Tunnelerweiterung an den Bahnhöfen
„Riffelhöhe“ und „Zugspitze“,

Sonstige Felsarbeiten . . . .   Mk. 475000,—

b) Oberbau.

4,2 km Zahnstangenschiene, neues Profil,

4,2 km obere Laufschiene, neues Profil,
fertig verlegt, einschliefslich Laschen
und Schraubenmaterial . . . . . . Mk. 195000,—

Sa. III. Mk. 885000,—

IV. Maschinenanlage.

2 Turbodynamos von je 100 Kw.-
Leistung,

1 Turbodynamo von 75 Kw.-Leistung,

Dampfkesselanlage (Eiuflammrohrkessel)
einschliefslich Armatur und Über-
hitzer, für 140 qm Heizfläche Ge-
samtleistung,

Kondensationseinrichtung mit allem
Zubehör,

Rohrleitungen, Speisepumpen, Turbinen-
gerüste,

Pufferbatterie von 200 Kw.-Leistung,

Schaltanlagen, Leitungen in der Zentrale,

Fracht und Montage,

Verschiedenes . . . .   Mk. 180000,—

Sa. IV. Mk. 180000,—

V. Betriebsmittel.

A. Adhäsionsstrecke.

2 grofse Strafsenbahnmotorwagen,

2 kleine Strafsenbahnmotorwagen,

2 grofse Anhängewagen,
3 kleine Anhängewagen,
1 Montagewagen,
1 offener Güterwagen (zum Kohlen-
transport . . . .   Mk. 71000,—

B. Zahnstangenstrecke.

3 Bergbahn-Motorwagen, einschliefslich
aller Ausrüstung,
2 grofse Vorschiebwagen,
2 kleine Vorschiebwagen . . . . .   Mk. 104000,—

                                Sa. V.   Mk. 175000,—

VI. Leitungsanlage.
A. Adhäsionsstrecke.

12,8 km Oberleitung (7 mm Fahrdraht)
auf imprägnierten Holzmasten mit
einfachen eisernen Auslegern, in den
Kurven Drahtabspannung mit 2 Masten,
fertig verlegt, Speiseleitung auf den
Fahrdrahtmasten verlegt, Schienenverbindungen zur Stromrückleitung .   Mk. 146000,—

B. Zahnstangenstrecke.

4 km dritte Schiene, fertig verlegt, einschliefslich Isolatoren u. Schutzbrettern,
Speiseleitung auf besonderen U-Eisen
fertig verlegt, einschliefslich Lieferung
und Aufstellen der U-Eisen,
Schienenverbindungen zur Stromrückleitung (für die Zahnstange und obere
Laufschiene) . . . .   Mk. 48000,—

                                Sa. VI. Mk. 194000,—

VII. Signalanlagen.

Telephonleitungen für die Adhäsions-
und die Zahnstangenstrecke mit allem
Zubehör,
verschiedene Signal-Einrichtungen . .   Mk. 12000,—

                                Sa. VII. Mk. 12000,—

VIII. Bahnhofs-Anlagen.

Ausrüstung des Kreuzungsbahnhofes „Riffelhöhe" und des Endbahnhofes „Zugspitze", einschliefslich einer Schiebebühnenanlage am Kreuzungs-bahnhof . . . . Mk. 19000,—

Sa. VIII. Mk. 19000,—

IX. Besondere Anlagen und Verschiedenes.

Anlage von Zugangwegen am Bahnhof „Riffelhöhe" und am Bahnhof „Zug-spitze", sowie auf den Gipfeln der Zugspitze, ausschliefslich der beiden Hotels (Riffelhöhe und Zugspitze) . . Mk. 45000,—

Sa. IX. Mk. 45000,—

X. Verwaltungskosten.

Vorarbeiten, Projekt, Konzession, Ver-messungen, Bauleitung, Probebetrieb Mk. 70000,—

Sa. X. Mk. 70000,—

XI. Bauzinsen.

Die Bauzeit der Bergbahnstrecke beträgt etwa zwei Jahre, diejenige der Strafsen-bahnstrecke ein Jahr, so dafs im zweiten (Betriebs-) Jahr die Baukosten der Adhäsionsstrecke durch die Ein-nahmen aus dem Lokalverkehr Gar-misch—Eibsee und Garmisch—Bader-see teilweise verzinst werden. Zur Ver-zinsung des Baukapitals ergeben sich somit . . . . Mk. 140000,—

Sa. XI. Mk. 140000,—

XII. Reserve-Fonds.

Erste Dotierung des Reservefonds, Unvorhergesehene Ausgaben . . . . Mk. 175000,—

Sa. XII. Mk. 175000,—

Zusammenstellung der Anlagekosten.

	Titel	Mark
I	Grunderwerb	30 000
II	Hochbauten	75 000
III	Bahnbau.	885 000
IV	Maschinenanlage	180 000
V	Betriebsmittel	175 000
VI	Leitungsanlage	194 000
VII	Signalanlagen	12 000
VIII	Bahnhofsanlagen	19 000
IX	Besondere Anlagen und Verschiedenes .	45 000
X	Verwaltungskosten	70 000
XI	Bauzinsen	140 000
XII	Reserve-Fonds	175 000
	Gesamt-Anlagekosten	**2 000 000**

Betriebs-Ausgaben.

Die Betriebskostenrechnung ergiebt an Gesamtausgaben einschliefslich Verzinsung des Anlagekapitals, Unterbalt und Amortisation Mk. 250000,—, welche sich auf die einzelnen Ausgaben folgendermafsen verteilen:

I. Brennmaterial.

Für die Berechnung der Kohlenkosten wurde ein mittlerer Betrieb zu Grunde gelegt. Die Pufferbatterie ermöglicht eine tägliche Betriebszeit der Dampfturbinen von rund 8 Stunden, so dafs unter Berücksichtigung verstärkten Betriebes im Juli und August und eines Kohlenpreises von Mk. 22,— pro Tonne frei Kesselhaus die Kohlenkosten für 5 Betriebsmonate betragen rund . Mk. 6000.—

zuzüglich 10% für Anheizen . . . . „ 600,—

Sa. I. Mk. 6600,—

II. Schmier- und Putzmaterial.

An Schmier- und Putzmaterial einschliefslich Schmierung der Zahnstange . .   Mk. 1400,—

Sa. II.   Mk. 1400,—

III. Personalkosten.

Personal der Kraftzentrale . . . . .   Mk. 5200,—

Fahrpersonal . . . .   „ 8200,—

Sa. III.   Mk. 13400,—

IV. Verwaltungskosten.

Betriebschef, Bureauunkosten, Reklame
usw. . . . .   Mk. 9500,—

Sa. V.   Mk. 9500,—

V. Steuern und Versicherungen.

Steuern, Material- und Unfallver-
sicherungen, Prämien, Gratifikationen
usw. . . . .   Mk. 15000,—

Sa. V.   Mk. 15000,—

VI. Nutzungs-Abgaben.

Für die Benutzung der Staatsstrafse
sowie eines Teiles der Bergstrecke
werden jährliche der Einnahme
prozentuale Abgaben als Nutzungsentschädigung entrichtet und zwar
total rund 4% bis zu Mk. 300000,—
Einnahme, steigend um $^1/_2$% für je
Mk. 20000,— Mehreinnahme. Für
eine Mindesteinnahme von Mark
290000,— (2% Dividende) betragen
die Abgaben somit . . . .   Mk. 11600,—

Sa. VI.   Mk. 11600,—

VII. Verzinsung des Anlagekapitals.

Das Anlagekapital wird zu 4% verzinst   Mk. 80000,—

Sa. VII. Mk. 80000,—

VIII. Abschreibungen.

Hochbauten 1,5%.	Mk.	1125,—
Bahnanlage 2%.	„	17700,—
Maschinenanlage 5%	„	7600,—
Pufferbatterie 10%	„	2800,—
Betriebsmittel 8%.	„	14000,—
Leitungsanlage 5%	„	7760,—
Sonstiges 2%	„	14730,—
	Sa. VIII. Mk.	65715,—

IX. Unterhaltung.

Gesamtauslagen für Unterhalt und Reparaturen	Mk.	28000,—
	Sa. IX. Mk.	28000,—

X. Unvorhergesehene Ausgaben.

Zur Reserve für besondere Ausgaben .	Mk.	18785,—
	Sa. X. Mk.	18785,—

Zusammenstellung der Betriebsausgaben.

	Titel	Mark
I	Brennmaterial	6600
II	Schmier- und Putzmaterial	1400
III	Personalkosten	13400
IV	Verwaltungskosten	9500
V	Steuern und Versicherungen.	15000
VI	Nutzungsabgaben.	11600
VII	Verzinsung des Anlagekapitals	80000
VIII	Abschreibungen	65715
IX	Unterhaltung	28000
X	Unvorhergesehene Ausgaben	18785
	Gesamte Betriebsausgaben	**250000**

Die reinen Betriebskosten, also ausschliefslich der Ausgaben für Kapitalzinsen und Abschreibungen, jedoch einschliefslich der Ausgaben für Unterhaltung betragen somit 104285 M.

Rentabilitätsberechnung.

Die zu erwartenden Betriebseinnahmen lassen sich am sichersten durch Vergleich mit ausgeführten Bahnen (Schweiz) mit Berücksichtigung der in Betracht kommenden abweichenden Verhältnisse sowie unter Zugrundelegung der heutigen Verkehrsverhältnisse Münchens, der bayrischen Seeen und der Königsschlösser schätzen, wobei zu beachten ist, dafs eine derartige Bergbahn auf den höchsten und grofsartigsten Aussichtspunkt des deutschen Reiches nach dem Beispiel anderer Bahnen den hier in nächster Nähe bereits vorhandenen internationalen Fremdenstrom unbedingt an sich zieht, zumal wenn aufserdem noch die Hauptfremdenverkehrsstrafse zukünftig unmittelbar am Ausgangspunkt der Bahn vorbeiführen wird (Eisenbahnverbindung von Norddeutschland—München über Partenkirchen—Mittenwald—Brenner nach Italien!).

Um für den ungünstigsten Fall eine Mindest-Superdividende (also aufser den 4% Grundzinsen) von 2% zu erzielen, mufs die Mindesteinnahme pro Saison 290 000 Mk. betragen. Obwohl der Lokalverkehr zum Bader- und Eibsee eine bedeutende Einnahme gewährleistet, soll bei der Bestimmung der Frequenzziffer nur die erforderliche Personenzahl der Zahnradstrecke berücksichtigt, der Lokalverkehrseinnahme jedoch dadurch Rechnung getragen werden, dafs der Durchschnittsertrag für einen Fahrgast (Hin- und Rückfahrt) entsprechend höher und zwar zu rund 10 Mk. angenommen wird. Es ergibt sich somit für die Mindest-Dividende von 2% eine jährliche Frequenz von 29 000 Personen für die Zahnradstrecke.

Zum Vergleich sind nachfolgend die Frequenzziffern* einiger Schweizer Zahnradbahnen zusammengestellt.

Berücksichtigt man, dafs allein die Fremdenverkehrsfrequenz von Garmisch-Partenkirchen im Jahre 1903 zusammen 26 807, im Jahre 1904 schon 28 017 betrug und dafs z. B. der Königssee allein jährlich von 50—60 000 Personen besucht wird, so dürfte, zumal bei der nationalen Bedeutung der Zugspitze die

---

* Die Daten der schweizerischen Bergbahnen sind der Schweizerischen Eisenbahnstatistik sowie den Werken Loewe-Zimmermann, Handbuch der Ingenieurwissenschaften, V. Bd. 8 Abt. und E. Strub, Bergbahnen der Schweiz, entnommen.

Vergleich der Frequenzziffern.

Zahnradbahnen	Frequenz 1899 Personen
Zugspitze-Bahn (Mindestfrequenz)	29 000
Pilatusbahn	44 245
Vitznau—Rigibahn	119 889
Rorschach—Heidenbahn	75 267
Wengernalpbahn	86 923
Glion—Rochers de Nayebahn	49 761
Gornergratbahn (erste Saison)	34 000

Mindestfrequenz von 29 000 Personen mit Sicherheit zu erwarten sein.

Die Anlage- und Betriebskosten einiger Schweizer Bergbahnen sind zum Vergleich in nachfolgender Tabelle zusammengestellt:

Die Tabelle zeigt, dafs das Verhältnis der Ausgaben zu den Einnahmen mit 35,96 % (für die Mindestdividende von 2 %) bedeutend günstiger wie bei den Schweizer Zahnradbahnen wird; hierzu tragen wesentlich die geringeren Anlagekosten (infolge Verwendung des neuen billigeren Unterbaues) mit nur 125 000 Mk. pro Kilometer Bahnlänge (unter Einrechnung der Strafsenbahnstrecke) bei.

Nicht berücksichtigt wurde in dem Projekt die mit Sicherheit zu erwartende Erbauung der staatlichen Eisenbahnlinien Reutte—Erwald—Griesen—Schmelz—Garmisch - Partenkirchen—Mittenwald—Innsbruck. Sowie der Bau dieser Linie definitiv feststeht, kann das Projekt insofern abgeändert werden, als die jetzt von Garmisch ausgehende Strafsenbahnstrecke erst an dem Staatsbahnhof „Schmelz" der obigen Linie beginnt, wodurch etwa 4 km Strafsenbahnstrecke gespart und somit die Anlage- und Betriebskosten noch erheblich niedriger ausfallen.

Beförderungsmöglichkeit.

Die maximale Zahl der zu befördernden Personen beträgt für die Zahnradstrecke für einen gröfsten Zug (Motorwagen mit grofsem Vorschiebwagen) 121 Pesonen, so dafs im Höchstfalle

Titel		Zug-spitze	Pilatus	Vitznau—Rigi	Wengern-alp	Gorner-grat	Glion—Naye
Länge der Bahn, horizontal	km	16,00	4,270	6,858	17,912	9,022	7,621
Größte Steigung	°/₀₀	500	480	250	250	200	220
Mittlere Steigung	°/₀₀	429	380	191	138	156	168
Gesamt-Anlagekosten	Mk.	2 000 000	2 280 000	1 880 000	3 755 000	2 631 000	2 160 000
Anlagekosten pro km Bahnlänge	”	125 000	530 232	336 189	209 796	292 333	284 210
Reine Betriebskosten (ausschliefslich Verzinsung und Abschreibung)	”	104 285	94 864	260 799	246 360	80 625	62 500
Betriebskosten pro km Bahnlänge	”	6518	22 061	38 017	13 757	8958	8223
Gesamte Betriebseinnahmen	”	290 000	208 728	413 488	439 310	216 430	158 780
Betriebseinnahmen pro km Bahnlänge	”	18 125	48 512	60 275	24 542	24 047	20 892
Betriebskosten in % der Einnahme	.	35,96	45,5	43,1	56,0	37,2	39,3

mit 8 Fahrten täglich 968 Personen in einer Richtung befördert werden können (pro Saison rund 145 000 Personen). Mit Einlegung einer 9. Hülfsfahrt steigt die mögliche tägliche Personenzahl auf 1089. Die Beförderungsmöglichkeit der Strafsenbahnstrecke ist entsprechend höher vorgesehen, da bei dieser noch der Lokalverkehr zum Bader- und Eibsee hinzukommt.

Was den Bauvorgang anbetrifft, so wird zweckmäfsig zunächst die Adhäsionsstrecke und das Kraftwerk fertiggestellt, so dafs bei Baubeginn der Bergbahnstrecke die Strafsenbahnlinie bereits für den Lokalverkehr zu den Seen betrieben wird, während das Kraftwerk gleichzeitig den elektrischen Strom zum Betriebe der Arbeitsmaschinen (Strecken- und Tunnelbau) liefert. Ein Motorwagen wird von Anfang an beschafft und dient (mit abgenommenem Sitzkasten) für die Zuführung der Baumaterialien. Die Strecke wird also, wie üblich, fortschreitend vollständig fertig verlegt (einschliefslich der Speiseleitungen mit Hülfsanschlüssen). Sobald die Strecke bis zur Station „Riffelhöhe" fortgeschritten, ist gleichzeitig der gesamte untere Teil betriebsfertig, so dafs während des Baues der oberen schwierigeren Strecke bis zur „Zugspitze" bereits der Betrieb der ersten Hälfte bis zur „Riffelhöhe" für den Personenverkehr ermöglicht ist.

〰〰〰〰〰〰〰〰〰〰〰〰〰〰〰
NAUCKSCHE BUCHDRUCKEREI
... ... BERLIN S. 14 ... ...